# 八音·造物

## 2024 首届全国乐器设计大赛获奖作品集

顾　问　陈建华
主　编　刘文荣
副主编　钱富民　马全福

苏州大学出版社
Soochow University Press

**图书在版编目(CIP)数据**

八音·造物：2024首届全国乐器设计大赛获奖作品集／刘文荣主编. -- 苏州：苏州大学出版社，2025. 6. -- ISBN 978-7-5672-5101-4

Ⅰ. TS953.01

中国国家版本馆CIP数据核字第2024XU3794号

八音·造物——2024首届全国乐器设计大赛获奖作品集

**主　　编**：刘文荣
**责任编辑**：孙腊梅
**装帧设计**：刘　俊

**出版发行**：苏州大学出版社(Soochow University Press)
**社　　址**：苏州市十梓街1号　**邮编**：215006
**印　　刷**：苏州工业园区美柯乐制版印务有限责任公司
**邮购热线**：0512-67480030
**销售热线**：0512-67481020

**开　　本**：787mm×1 092 mm　1/16　**印张**：9　**字数**：143千
**版　　次**：2025年6月第1版
**印　　次**：2025年6月第1次印刷
**书　　号**：ISBN 978-7-5672-5101-4
**定　　价**：88.00元

# 2024 首届全国乐器设计大赛

指导单位：中国轻工业联合会

主办单位：中国乐器协会、南京艺术学院

承办单位：南京艺术学院现代音乐与科技学院

南京艺术学院科研处

协办单位：南京艺术学院乐器研究所、中国声学学会、江苏省文化艺术科学技术协会乐器技术专业委员会、北京星海钢琴集团有限公司、珠海市蔚科科技开发有限公司、乐海乐器有限公司

**组委会名单**

**主　席**

王世成　中国轻工业联合会党委副书记、中国乐器协会理事长

俞　锋　南京艺术学院党委书记、博士生导师

张凌浩　南京艺术学院党委副书记、校长、博士生导师

**副主席**

孙瑞勇　中国乐器协会专职副理事长

张　捷　南京艺术学院党委常委、副校长

苗　雨　南京艺术学院副校长

**执行主席**

曾泽民　中国乐器协会专家委员会副主任

陈建华　南京艺术学院教授、博士生导师

嵇凤云　南京艺术学院现代音乐与科技学院党总支书记

汪　敏　南京艺术学院现代音乐与科技学院党总支副书记、院长

**秘书长**

钱富民　中国乐器协会副秘书长、高级工程师

王大学　南京艺术学院科研处副处长

刘义荣　南京艺术学院乐器研究所所长、博士生导师

# 编委会名单

# 序一

很高兴为该书作序。由中国乐器协会、南京艺术学院共同主办的“2024首届全国乐器设计大赛”已圆满落下帷幕，这是双方构建“产学研用合作基地”的又一项成果。2023年举办的首届乐器学论坛，围绕乐器史学、材料、声学及学科建设等进行学术探讨，为完善乐器学理论体系添砖加瓦。“2024首届全国乐器设计大赛”，以“创造·创新转化·发展”为主题，围绕外观设计、声学特征、发音原理、材料创新、工艺设计、智能技术、演奏性能等进行评审，探讨并检验了当前我国乐器设计的基本水平与实践能力。理论体系探讨与实践能力检验，既相辅相成，也相互促进，为提升行业的理论与实践整体水平培元筑基。以陈建华教授、刘文荣教授为代表的师生团队，会同协会的专家，将获奖作品归类整理并出版，这不仅是“乐器设计”专业的开篇之作，也为“乐器设计”学科体系的建立奠定了基础。

本书以“八音·造物”命名，体现了博学古今、融汇中外、产文结合、激发原创的理念。“八音”是中国古代对乐器的总称。据史料记载，周代已经出现“八音”一词，如《周礼·春官·大师》载“皆播之八音——金、石、土、革、丝、木、匏、竹”，《尚书·虞书·舜典》载“三载，四海遏密八音”等。“八音”所对应的每一种材料代表一种乐器类别，如编钟、编磬、埙、鼓、琴瑟、柷、笙、箫等。而现代乐器分类法则是在霍-萨分类法弦鸣乐器、体鸣乐器、气鸣乐器、膜鸣乐器的基础上又增加了电鸣乐器，共五大类，在涵盖古代乐器分类法的基础上，又有了声学理论内涵的丰富与延伸。所以说“八音”不仅是一种音乐形式，更是一种文化传承，它反映了中国古代的音乐理论和民间器乐艺术的多样性，以此命名对于读者了解中国传统器乐文化具有积极意义。

“造物”一词古代早期出现于春秋末期的《子夏易传·卷一·震下坎上》，最初的意思是指“天地、自然创造万物”。现代对“造物”

的理解更加全面，包括产品设计、软件开发、艺术创作、文创品牌等一系列活动。在不同的领域中还有着丰富的延伸意义。例如，在文化创意产业中，造物可以被理解为通过传统工艺和现代设计手段创造出来的文化产品，它们不仅具有实用价值，还承载着丰富的文化内涵和艺术价值。在科技研发领域，造物可以指通过编程和技术创新所创造出来的数字化产品或服务，这些产品或服务通过编程和算法实现了特定的功能或体验。“造物”的概念不仅包括物质产品的创造，还包括文化、艺术和精神层面的创新。它体现了人类对美好生活的追求和对创造力的不断探索。很显然，“八音”与“造物”的融合，正是乐器设计所迫切需要的，寓意“创新与创造力”。

“乐器设计师”职业由中国乐器协会慎研申报，2023年正式录入新版的《中华人民共和国职业分类大典》。目前，乐器行业已有11个职业被列入国家职业分类大典中，基本涵盖了乐器的专业门类，为全面培育行业专业技术与技能人才奠定了基础。全国有10多所院校设置了乐器类相关专业。南京艺术学院与中国乐器协会合作多年，在乐器史学研究、乐器修造技术、钢琴调律技术应用、乐器研究学术论坛、专业人才选育等方面取得了成效。该校的“乐器学研究与乐器修造技术”专业已形成完整的本、硕、博培养体系，为国家培养了一大批优秀人才。此次乐器设计大赛的成功举办，为完善“乐器设计师”职业技能标准制定、教材题库建设、培训考评、资格鉴定工作起了头、开了道，也为健全乐器学研究与学科体系提供了科学依据和实践基础。

习近平总书记提出“新质生产力”的科学理论，强调发展新质生产力是推动高质量发展的内在要求和重要着力点。中国乐器协会始终坚持带领全行业积极践行，并在人才建设与科技创新方面融合推进；通过构建多元人才促进机制，逐步形成了以协会专家委、轻工大国工匠、全国技术能手、轻工技术能手、行业工匠、行业“科技之星”为核心的科技创新生力军；通过举办科技创新与产业发展大会、评选科技创新奖、推动标准化工作、遴选创新升级消费品、评价全球首发新品、储备三级科技项目等举措，务实地促进了行业科技创新工作上台阶、出成果，也为提高中高端产品在所有产品中的比重发挥了重要作用。期望通过乐器学论坛和乐器设计大赛等平台的有效运作，进一步深化会校合作，紧扣国家战略、紧锁创新驱动、紧贴行业需求、紧抓活动质量，以坚韧不拔的毅力和产业化、融合化、市场化实现路径，持续追求乐器原创技术、优秀设计人才和学科体系建设等多方面新的跃升。

期盼《八音·造物》再续新篇。

中国轻工业联合会党委副书记
中国乐器协会理事长 王世成

# 序 二

## 向美而生 设计为民

### ——制造 质造 智造：用乐器诠释美的生活

“满眼生机转化钧，天工人巧日争新。”我校与中国乐器协会联合举办了2024首届全国乐器设计大赛，该场赛事邀请全国业界权威专家担任评委，专业联合行业、艺术融合科技，采用融产学研用于一体、竞赛展演论坛于一会的创新组赛机制，不仅涌现了不少独具匠心的优秀设计作品，而且呈现了诸多精彩纷呈的创新乐器展演，还有前沿交叉学科的学术智慧碰撞。这为学生综合运用新知识、新技术、新工艺、新方法提供了宝贵的实践平台；为激发学生综合素质的提升及其创新创业提供了发展空间；为乐器行业挖掘、发现、培育、储备了一大批优秀的创新应用型人才；为音乐工程等交叉学科科研人员选择学术研究方向提供了学术思辨平台；为深化音乐产业研究提供了广袤的学术田野；为传承中华优秀传统文化、承继工匠文化、发扬工匠精神，引领高技能创新人才在本行业担大任、干大事、成大器、立大功，助推我国音乐产业、文化产业发展做出了应有贡献，成绩斐然，影响深远，实乃可喜可贺。

强国建设、民族复兴需要大国工匠。大国工匠是中华民族复兴伟业的基石与栋梁。“执着专注、精益求精、一丝不苟、追求卓越”的工匠精神是对以爱国主义为核心的民族精神和以改革创新为核心的时代精神的生动诠释。党的十八大以来，习近平总书记站在实现中华民族伟大复兴的中国梦的全局高度，多次就劳模精神、劳动精神、工匠精神发表重要讲话，强调劳模精神、劳动精神、工匠精神是“鼓舞全党全国各族人民风雨无阻、勇敢前进的强大精神动力”。习近平总书记在给首届全国职业技能大赛的贺信中指出：大力弘扬劳模精神、劳动精神、工匠精神，激励更多劳动者特别是青年一代走技能成才、技能报国之路，培养更多高技能人才和大国工匠，为全面建设社会主义现代化国家提供有力人才保障。党的二十大擘画了我国进入中国式现代化建设的宏伟蓝图，新时代呼唤工匠精神，乐器设计与修造行业的发展同样要大力倡导工匠精神。从制造到质造再到智造，乐器设计与修造专业要不断为工匠精神注入新的内涵。乐器设计与修造技术要把艺术之韵与科技之精有机结合，音乐之美与工艺之巧有机结合，向美而生、设计为民。

向美而生，就要围绕创造与创新、转化与发展的主题，心怀国之大者，传承和弘扬中华美学精神，坚定文化自信，推动中华优秀音乐文化创造性转化、创新性发展。向美而生，就要深度研究中国传统乐器的造型之美、工艺之美、音色之美、色彩之美，提炼中华音乐美学的核心特征、核心标识，将传统美学符号化、标识化、系列化。向美而生，就要针对当代中国乐器设计发展趋势和科技应用趋向，不断寻求传统价值与现代美学联结的有效方法，不断突破传统设计与现代科技结合的技术壁垒，不断探索出传统音乐、当代技术、现代美学有机融合的结晶。

设计为民，乐器设计者要深刻体悟艺术人民性的内涵意蕴，将中华美学的标识性、原创性特征融入乐器设计，优秀的作品应体现中华乐器的器型之美，彰显为人民所喜见之特征。设计为民，乐器设计者更要融通科技之发展，将音频技术的最新发展成果应用于设计之中，为消费者、学习者着想，使演奏者更易弹奏、更易学习、更易表演，彰显为人民所喜用之特征。设计为民，乐器设计者还要更多考虑人民的音乐欣赏习惯，注意发声规律在工艺上的科学应用，使音色、音韵更加悦耳、悦心，以音化人、以韵润心，彰显为人民所喜闻之特征。

向美而生、设计为民，以此探索、提炼和总结出当代中国乐器设计的标识性、原创性、系统性的学术范畴、学理观点与系统理论，打破音乐学、材料学、计算机学、工程学、工艺学等多学科界限，着力构建跨学科的、符合乐器设计美学的、与技术科学相得益彰的中国音乐工程学科体系、学术体系与话语体系，推进传统艺术与现代艺术有机融合。如此，其功莫大焉。

伟大事业孕育伟大精神，伟大精神引领伟大事业。全面建设中国式现代化的伟大征程已经启航，我们要继续大力弘扬“三种精神”，全力践行、培养工匠精神，激励高校学生刻苦学习、精研技艺，鼓励学生敢拼敢闯、创新奉献，更好地释放创造潜能，专注创新，成才报国，争当“工匠精神”的继承者、传播者、践行者，学专业、增技能、长本领，练就六个“精”，即精塑品格、精培道德、精修学术、精练技能、精研工艺、精求品质。培养学生的创新精神、创造能力，大力营造培育工匠、学习工匠、争当工匠的浓厚氛围，倡导走科学成才、技能报国之路，将志存高远的青春融入强国行，把不忘初心的使命融入中国梦，为创造新的时代辉煌、铸就新的历史伟业，不断书写当代青年的壮丽华章。

“百尺竿头须进步，十方世界是全身。”

是为序。

南京艺术学院党委书记　**俞　锋**

# 八音·造物颂

你们以对乐器的炽爱深情，在中华文脉深处蛰伏、游走。酿育了无数春夏秋冬之后，裹挟着新时代季风，从你们的双眸，奔流出跌宕起伏、旖旎婉转；从你们的心底，镌刻出大气磅礴、行云流水。乐与器，蕴藏于曼妙线条；善与美，镶嵌在铮铮骨络。

你们在山与海之间度量天地辽阔，你们在悲与喜之中解读生死密码。市井烟火，在你怀里，生成木的组合竹的柔韧；大地丰收，在你心底，化作钢的犀利铁的踏实；小康幸福，在你指尖，誊写乐的绚丽器的眺望；时代旋律，在你眸间，绽放音的丰盈律的饱满。

你们把生活的鲜亮捧在手心，你们把生命的信念高高擎起，你们对华夏族群、对九州大地之深刻爱恋，借乐器之身，傍天地灵气，皴染了时间与空间，一层又一层，一遍又一遍，并在中国民族器乐文化历史长卷之中，撰写了浓墨重彩、熠熠生辉的一页。向你们致敬！

中国乐器协会专职副理事长　孙瑞勇

# 目录

## 电鸣乐器篇 / 1

# 电鸣乐器篇

创造·创新 转化·发展

# ◎ 电筝

奖项：综合银奖
作者：熊立群
单位：扬州金韵乐器御工坊有限公司

这款乐器采用环保轻质碳纤维复合材料制作而成，造型酷炫，结构稳定，不跑音。采用蜗轮蜗杆机构，可用两指轻松调弦。除电声外，乐器触感和演奏方法与传统古筝无异。音频输出口采用国际通用的6.5 mm音频接口，可以根据用户的需求转接各种效果器，生成各种音色。可将中国民乐元素和现代电子乐队元素有机融合。

## ◎ 敦煌·罗兰智能交互古筝

奖项：最佳创新一等奖
作者：上海民族乐器一厂有限公司
单位：上海民族乐器一厂有限公司

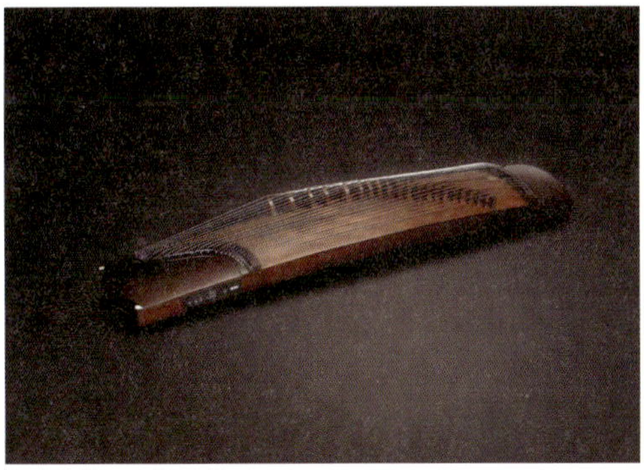

该款古筝在保留古筝标准形制、稳定音色的基础上，加装了 RDEC（罗兰数字音乐教育）自主研发的 MIDI（乐器数字接口）控制器，最大的特点是可以通过控制器发送符合 RDEC 教学平台的 MIDI 信号，将古筝教学纳入成熟的数字化教学课程体系中。古筝内置的智能硬件设备与配套的古筝智能课件，与计算机实现对接，可实时反馈每个音弹奏的准确性，打破时空限制，随时随地与听众互联互动，真正实现古筝教学“一对多”的智能互动。

# ◎ TONOVA 数字口琴

奖项：最佳创新二等奖

作者：陈国斌、计皓波、张维

单位：吟飞科技（江苏）有限公司

## 产品展示

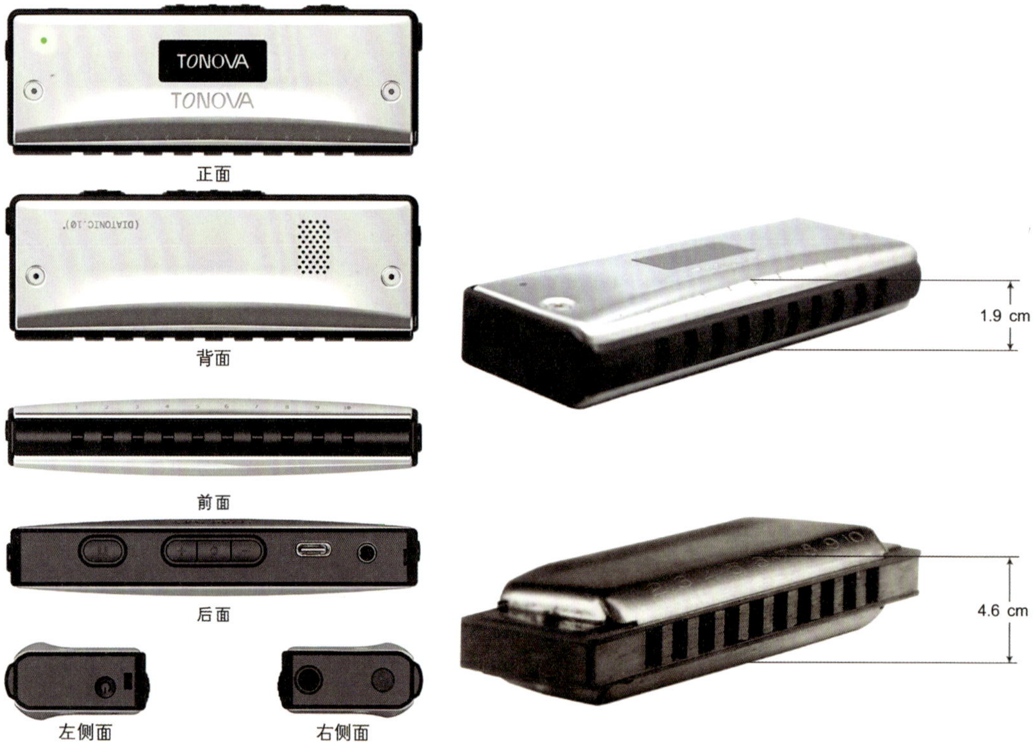


数字口琴是集数字技术、音乐艺术于一体，采用现代信息技术，将传统音乐文化与数字科技相融合，以人性化和艺术化为宗旨而设计的，是中国传统口琴电声化的创造性转化和创新性发展成果。利用现代科技手段，促进乐器数字化转换。具有科技美感，握持舒适；采用创新的发声设计，金属外壳小巧而坚固；OLED（有机发光二极管）数码显示，可带来随时随地的音乐体验。

# ◎ 一种带卡拉 OK 直播功能的智能教学数码钢琴

奖项：最佳创新二等奖
作者：刘春清
单位：广州珠江艾茉森数码乐器股份有限公司

该产品将计算机技术融入钢琴中，设计多个单元模块，如音视频识别单元、记录单元、判断单元等，实现智能实时教学及智能课后辅助练习。该产品主控制板及智能终端可通过互联网实现异地演奏、音乐欣赏、卡拉 OK 娱乐、网络直播等功能，并通过 MCU（微控制单元）控制芯片及 DSP（数字信号处理）音视频效果处理芯片。本产品经数次迭代，以上功能得到全面优化及提升，解决了简单拼凑造成的音视频信号不匹配、不同步，音频干扰产生杂音，视频卡顿等问题，大大提升了客户的体验感。

# ◎ 音乐密码——音乐学习机

奖项：最佳创新二等奖
作者：骆石川
单位：常州视感科技有限公司

该产品是一款可以与移动端通过蓝牙连接并通过 APP 进行交互的智能音乐键盘。它的外观是一个钢琴键盘，但内置 LED（发光二极管）灯，可以与 APP 中的课程进行交互，指导用户学习音乐演奏技能。将音乐密码与移动端上的“音乐 CP”APP 匹配之后，通过视频交互和练习曲，能够非常直观且系统地学习音乐。它由一个 29 键的右手键盘和 6 键的左手“和弦胶囊”组成，通过磁吸拼接，降低常规钢琴左右手合奏的难度，能让用户更快上手演奏。另外还有一键弹唱功能，只需用一根手指按“和弦胶囊”，就可弹唱丰富的流行歌曲。降低了初学者的音乐学习门槛，能够通过视觉引导感知，帮助使用者更好地理解音乐理论知识。

## ◎ 三合一电鼓

奖项：最佳创新三等奖
作者：吴定军、戴永才、李中华、刘珈旭
单位：天津市津宝乐器有限公司

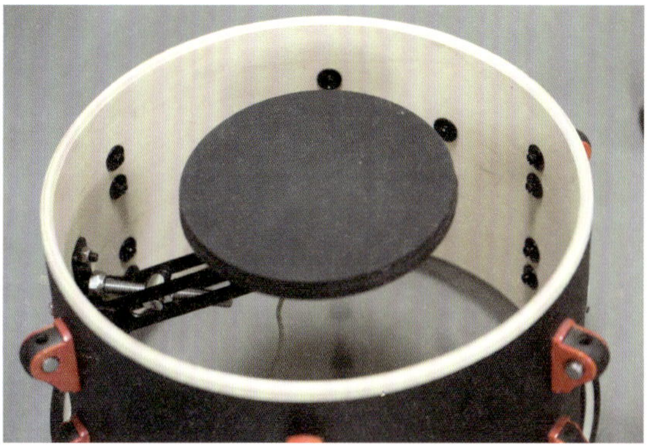

该产品内腔用木蜡油涂装，在木材表面形成保护层，使鼓内腔得到很好的保护和装饰：一方面变得更加耐磨，延长了乐器使用寿命；另一方面展现了木材特色，还原了自然美感。鼓腔结构中配有电子鼓发声装置，演奏时可实现原生鼓、哑鼓、电鼓等多种鼓的音效，同时实现三种鼓的组合音效，这是原单一鼓所不能实现的。此外增设了快速止音装置，在止音设计上采用自有注册专利，采用连杆结构，调节方便，牢固可靠，演奏无杂音。

# ◎ Winzz 创新设计高品质电吉他

奖项：最佳创新三等奖
作者：童磊、郑筝
单位：南京爱韵乐器有限公司

这是一款经现代改良设计的 S 类电吉他，采用 4+2 的弦钮排布，琴弦张力更均衡，音高更稳定；定制 PAF 风格琴桥拾音器，适中的功率输出，能在失真时提供清晰均衡的音色表现，并支持切单，搭配 60S 风格单线圈拾音器，适合各种音乐风格；C-D 混合琴颈设计，适应不同把位的演奏手型；采用定制两点式琴桥；指板末尾的钢筋调节，使调节方式更便捷；定制自锁卷线器，带来更稳定的音准表现与便捷的换弦、调弦体验。

## ◎ 未来之音——电子钢琴

奖项：最佳创新三等奖
作者：童林
单位：成都理工大学工程技术学院

“未来之音”是一款融合赛博未来元素与音乐艺术的电子钢琴。其外观设计采用流线型曲线和光影效果，呈现出未来感十足的科技美感。同时，搭载先进的音频技术，提供多样化的音色和音效，让用户在演奏中感受未来世界的奇妙魅力。无论是音乐爱好者还是科技迷，都能通过“未来之音”感受到音乐与科技交融的乐趣与创意。

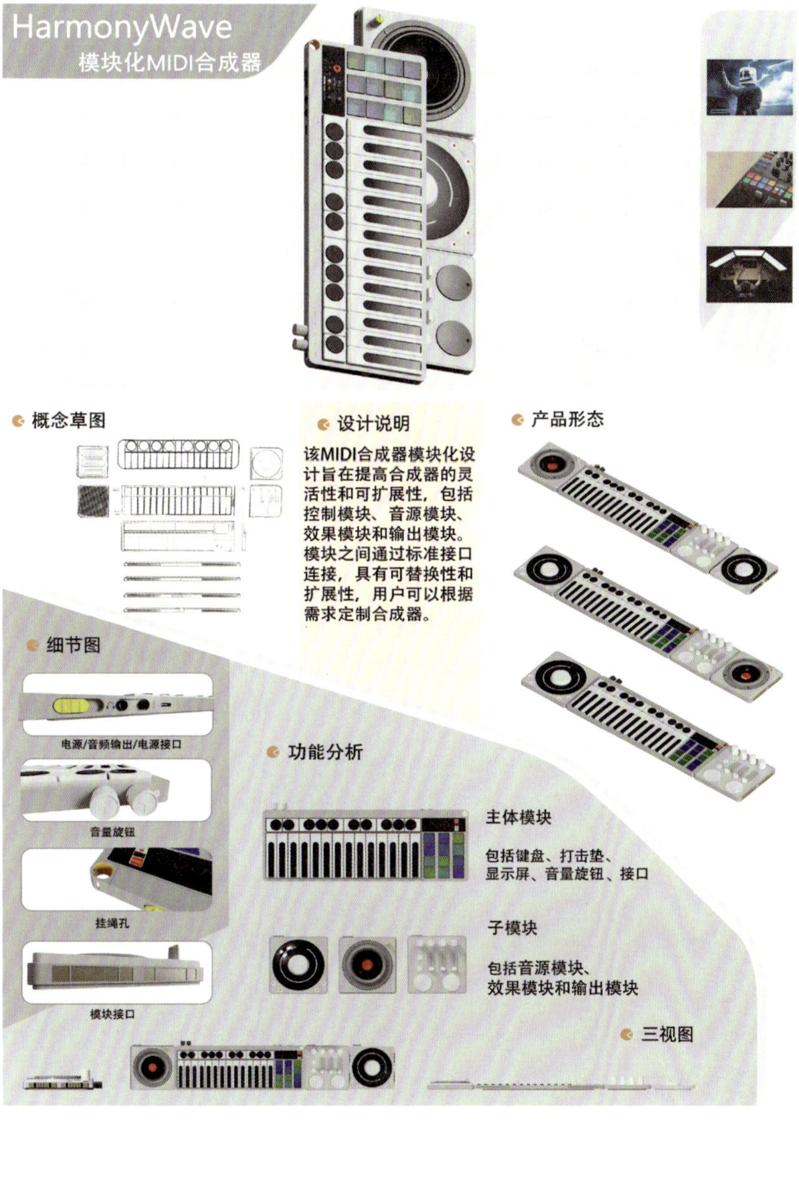

## ◎ 随音而“动”—— 磁流电吉他

奖项：最佳创新三等奖
作者：汪旭
单位：成都理工大学工程技术学院

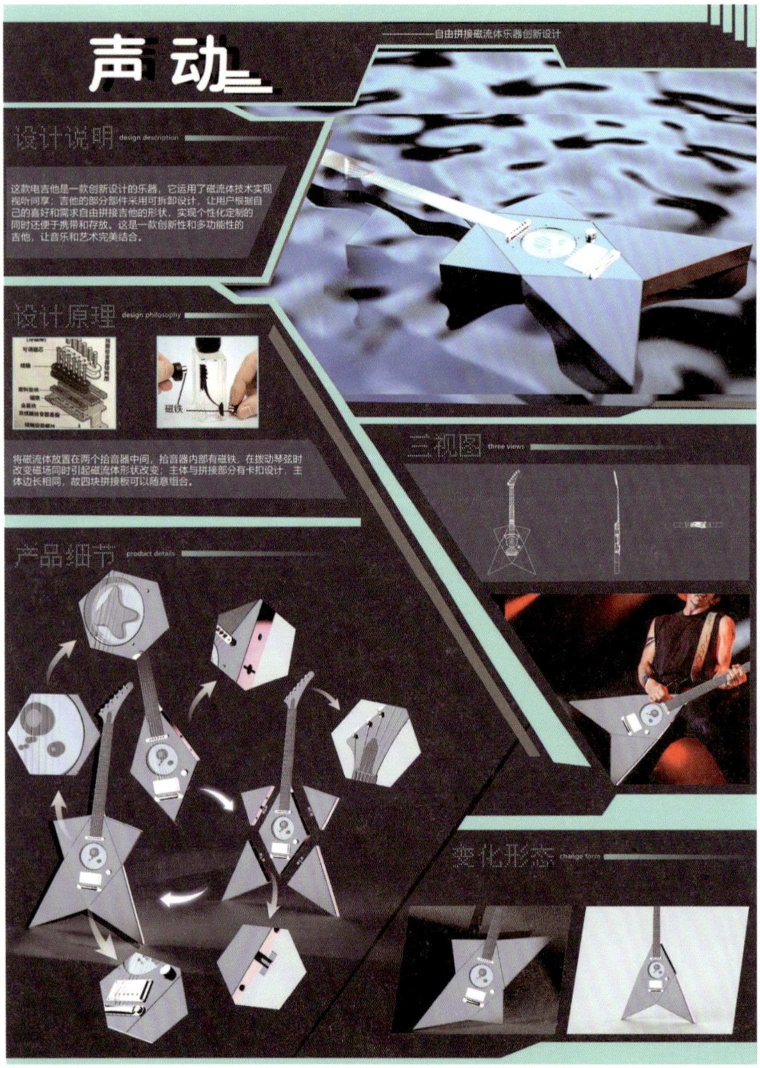


该设计将磁流体与乐器相结合，在弹奏乐器的同时还能看到磁流体的跳动，音视同享；秉持乐器与自然相结合的理念，设计出新外形；采用可回收材料，体现生态环保的理念。

## ◎ 魔客琴

奖项：最佳创新三等奖
作者：熊立群
单位：扬州金韵乐器御工坊有限公司

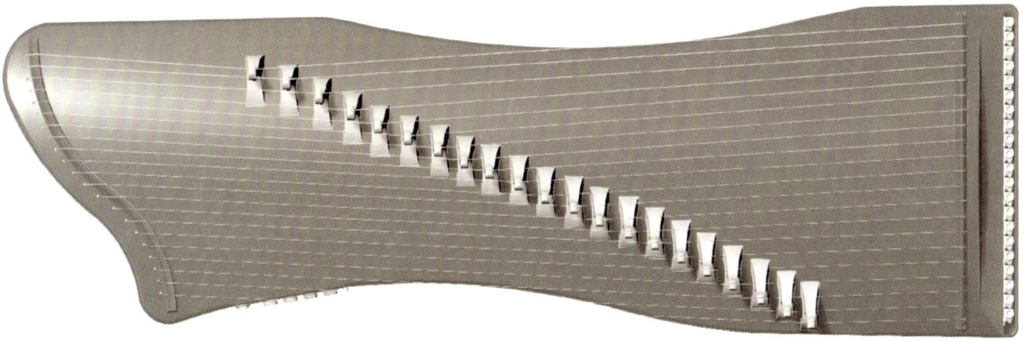

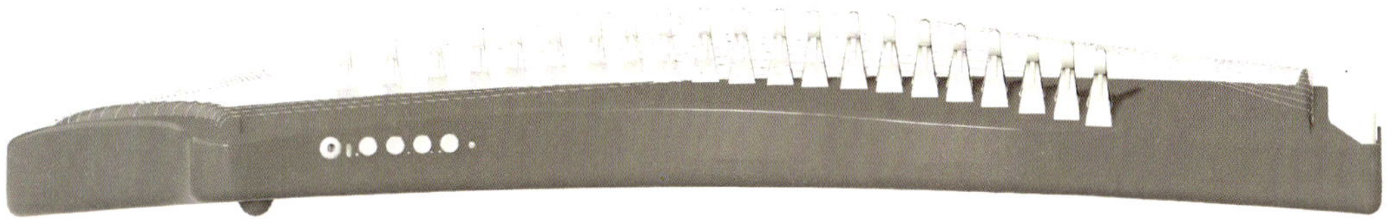

该作品在保留中国传统乐器精髓的基础之上融入了数字化元素，使得演奏体验更加多元、富有互动性。为了打破传统乐器的界限，“魔客琴”外形设计方面结合了现代美学和人体工学的理念，采用了简洁而现代的线条，与传统乐器的曲线美学不谋而合，既古典又前卫。材质方面，表面采用了特殊的材料，不仅触感温润，还能够适应不同的气候变化，保证乐器音质的稳定性并延长使用寿命。

# ◎ NES-1数码电吹管

奖项：最佳外观一等奖
作者：刘凯
单位：珠海市蔚科科技开发有限公司

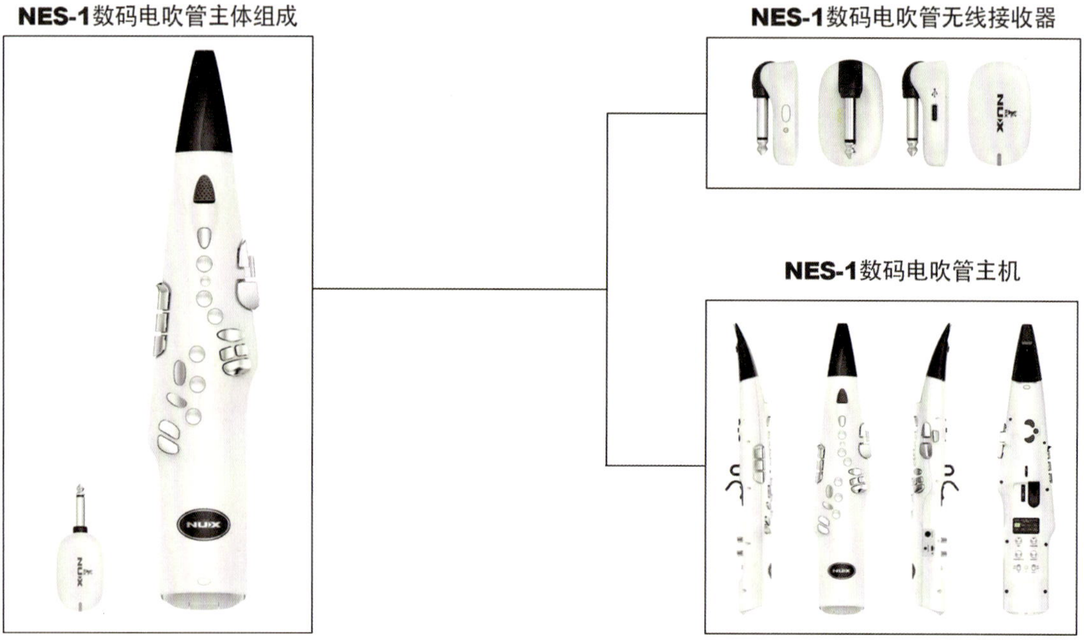


该产品通过精确复制传统萨克斯管的按键设计，帮助传统萨克斯演奏者和初学者轻松实现人机交互，随时随地为他们提供沉浸式演奏体验，并且可以实现无线传输音频。其拥有传统、现代等风格的音色，能针对不同的音乐流派提供丰富的音乐表现力和体验。外观设计上汲取了传统萨克斯管的弯曲握把元素，使产品视觉上更具音乐的律动性。底部设置了隐藏式无线接收器充电仓，使得无线接收器方便充电且不容易丢失，尤其适合中老年用户，该功能也大大提高了产品的便携性。内置双扬声器，使得产品拥有更广阔的音域。顶部音调显示屏位置恰到好处，使得整个产品机身一体性更强，扬声器音孔和铭牌的完美融合，创造出和谐统一的外观。

## ◎ DP-2000 电鼓打击板

奖项：最佳外观三等奖
作者：游正晖
单位：深圳市蔚科电子科技开发有限公司

该产品面向专业及业余玩家，外观简洁并有丰富的音频接口，具有专业性；打击垫的反馈手感，使得架子鼓用户能快速上手；它提供多种音色，可配合原声套鼓，为其提供音色补充，也可单独使用；体积轻薄，方便携带；上方操作面板与下方打击区域有段落差，可起分隔作用，防止误触；触发打击垫时，均有指示灯提示，并且机身带有一定斜度，方便用户使用。

## ◎ 琴音袅袅悠我心——电子集成乐器

奖项：优秀作品奖
作者：刘腾阳
单位：成都理工大学工程技术学院

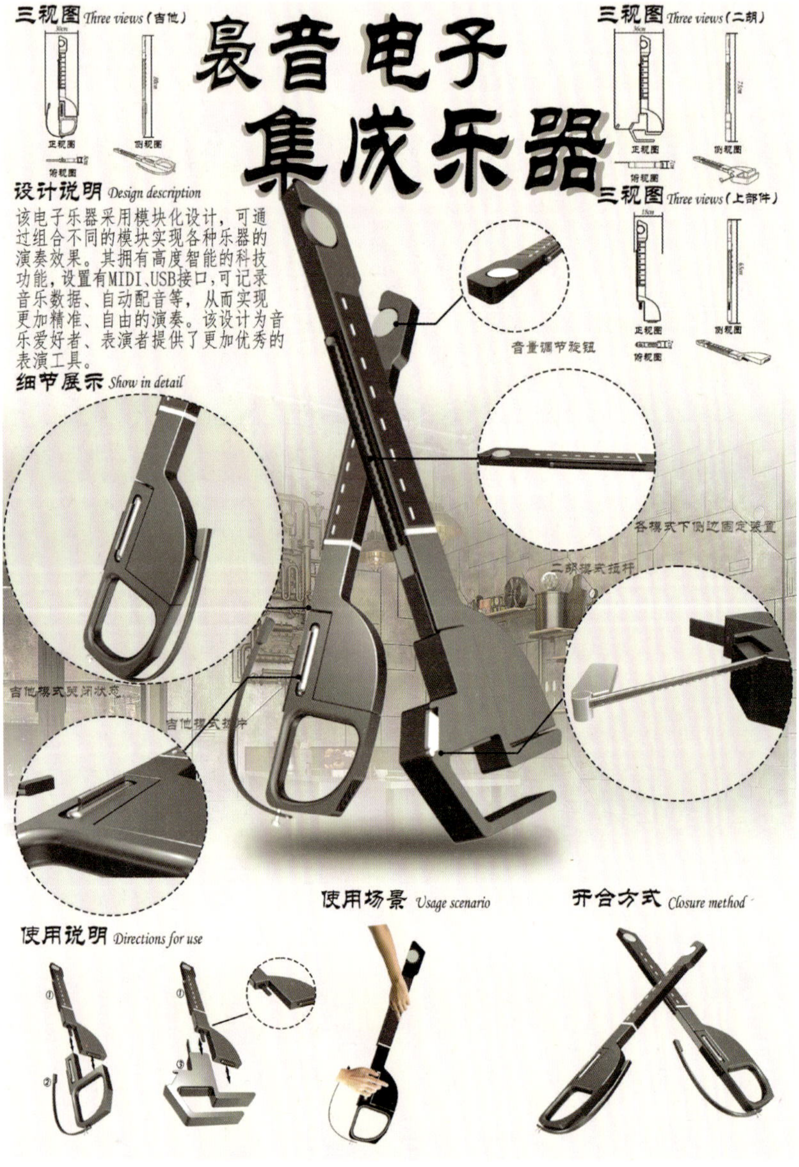


该设计通过传感、数据处理与分析等技术手段，实现了自动演奏、音效调节、远程控制和互联等功能，进而实现乐器的智能化和电子化，为使用者提供更多的功能和便利性。同时，也为音乐教学的开展和演奏技巧的提升提供了新的可能性。该设计旨在加强初学者对弦乐的热情，使不通音律的人也可以进行演奏，该设计可减少人们的音乐学习成本，同时科技化的外壳也能增加其耐用性，减少后期的维修成本。

## ◎ 音悦——电子唢呐

奖项：优秀作品奖
作者：邱浩天
单位：成都理工大学工程技术学院

该设计为一款电子唢呐，相较于传统唢呐，其上端哨片改为圆柱形，方便大多数人吹奏；中间内部设有唢呐系统板，可通过四个按钮改变音阶音色；尾部设有气流扬声器，可利用调制气流来发出声音并调节音量。使用者可以通过控制气息及四个按钮，吹出传统唢呐的声音。

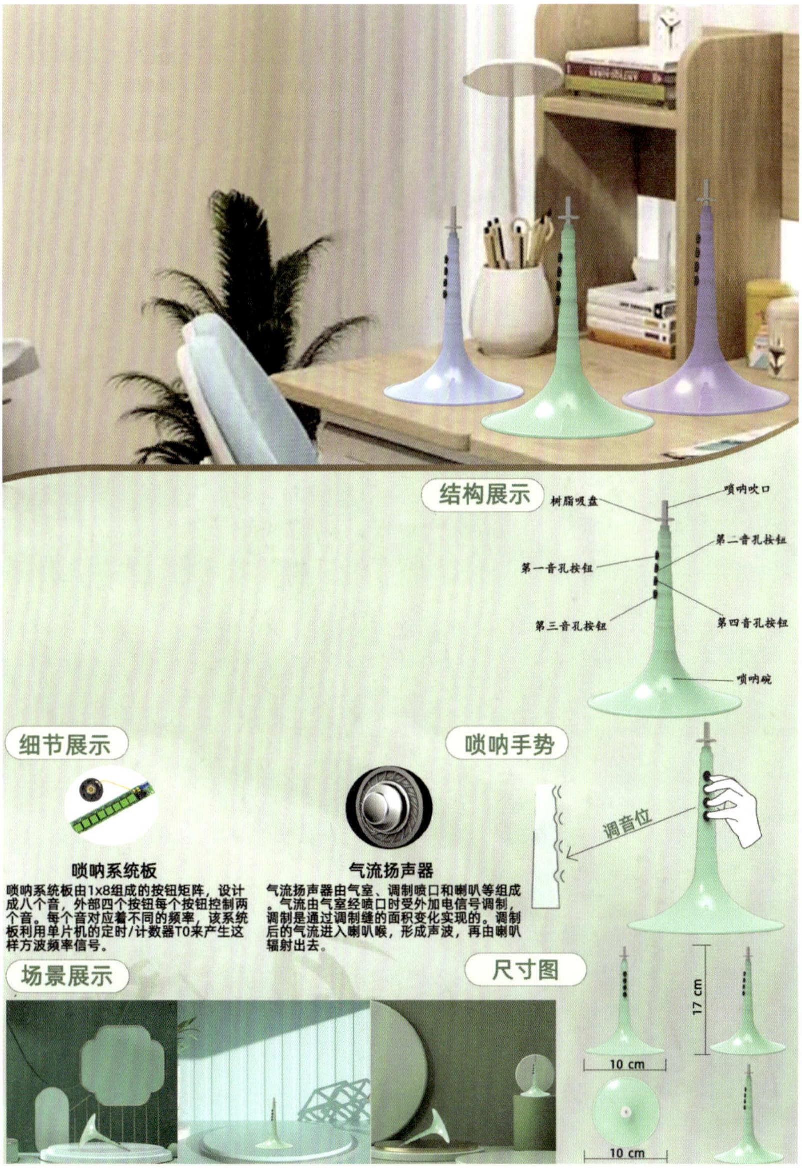

# ◎ 改良型智能古琴

奖项：优秀作品奖
作者：石万泰
单位：成都理工大学工程技术学院

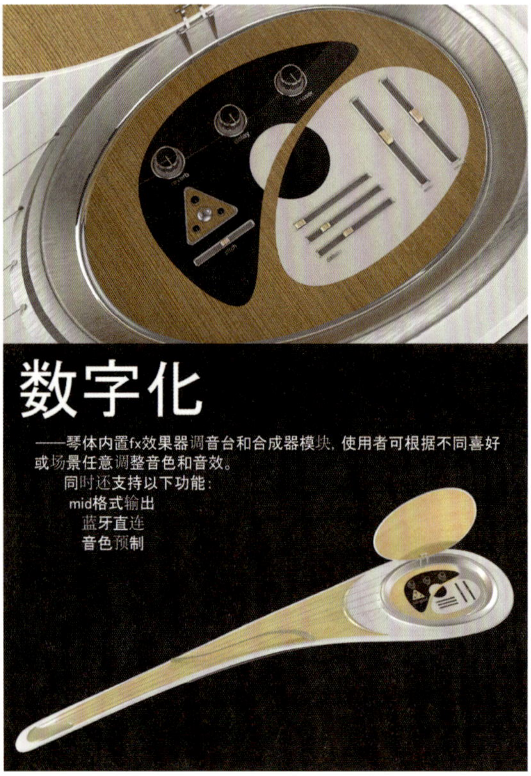


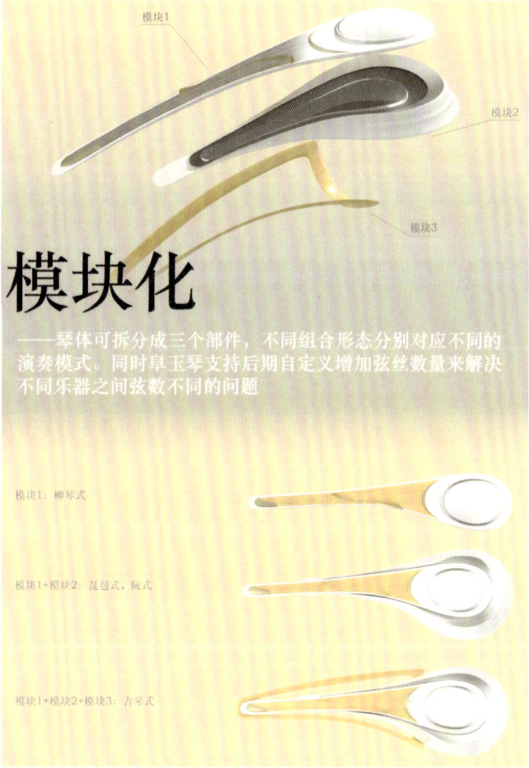


该乐器又称“阜玉琴”，外观借鉴古代弧形玉佩，将独特的曲线与人体工学相结合，糅合进古琴的外观设计中。功能拓展创新方面，新增效果器、多功能调音台、数字转接口等结构，有效推进传统乐器的数字化发展，继而推动古琴的传承和创新。交互功能拓展方面，新增独特的LED与智能交互板面，通过智能手机等设备与古琴连接，形成独特的演奏效果。同时降低古琴的学习难度，在保留传统元素的基础上拓宽古琴的演奏空间。

## ◎ 灵祈——电子陶笛系列

奖项：优秀作品奖
作者：宋张丽、青婷
单位：成都理工大学工程技术学院

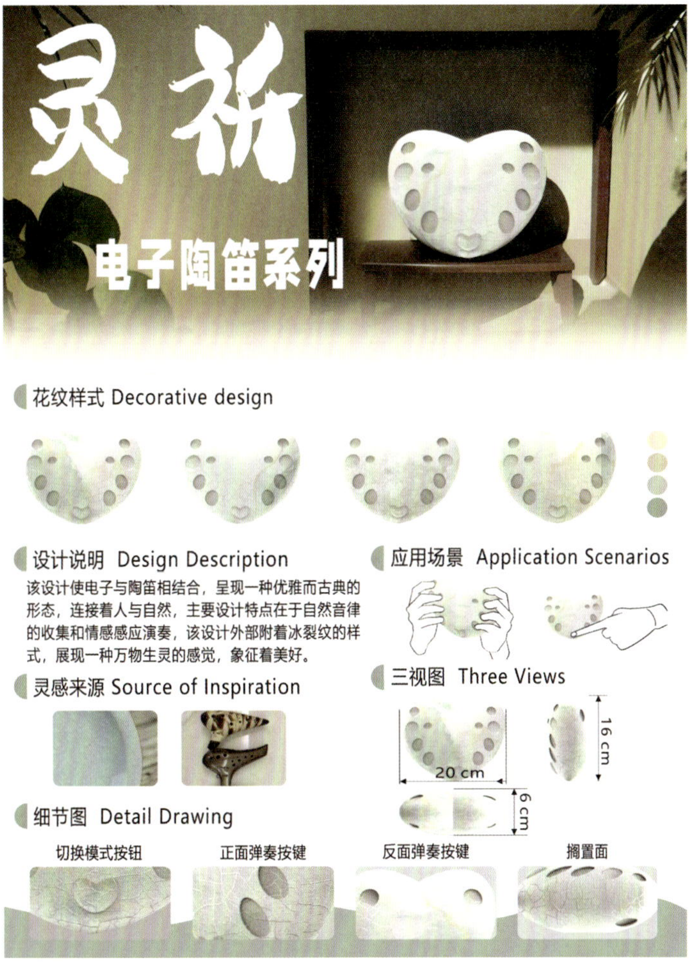


该设计将古代元素与现代元素相结合，外观形态优雅而古典，体现人与自然和谐共处的理念，内部结构采用电子技术，主要设计特点在于自然音律的收集和情感感应，乐器表面饰以冰裂纹，展现一种万物生灵的气韵，象征着美好。

# ◎ 雪韵鼓律——模块化演奏乐器

奖项：优秀作品奖
作者：印雯丽、伍俊蓉、朱芳婵
单位：成都理工大学工程技术学院

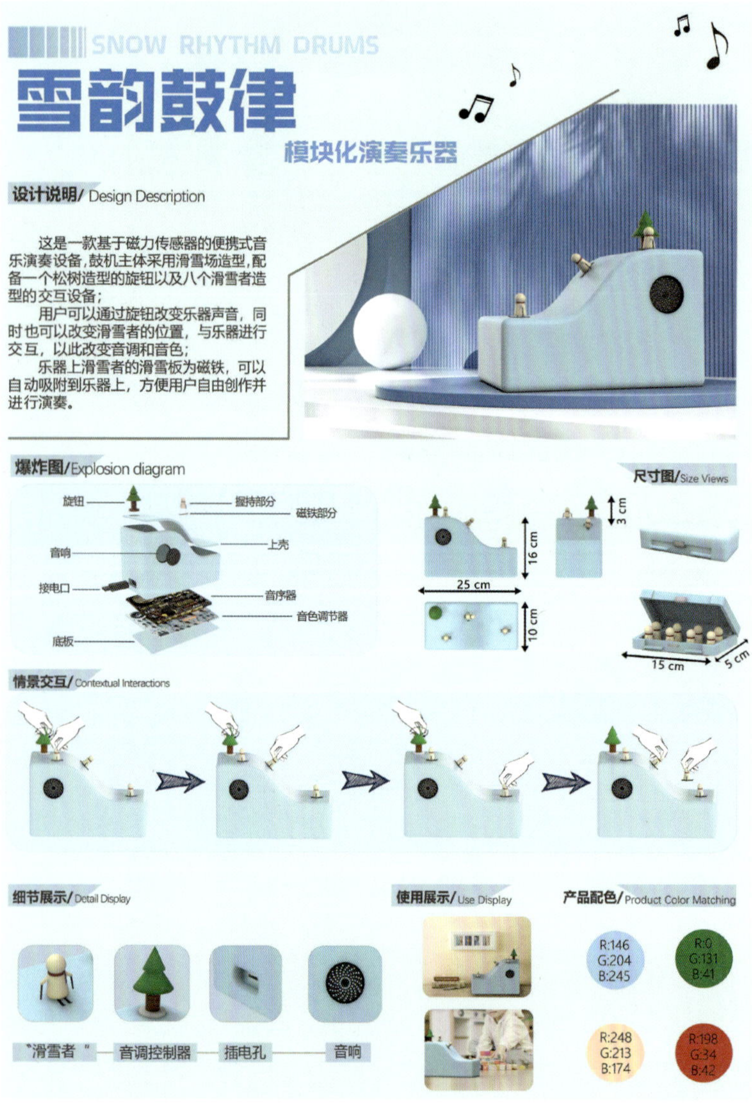


该款设计在中外传统乐器基础上进行创新，融入生态环保概念，彰显历史自信、文化自信，反映了深厚历史文化底蕴，其设计理念在于对优秀传统文化进行传承与发扬，是一款符合当代社会需求以及未来发展趋势的乐器设计作品。

## ◎ 乐灵——电子编钟

奖项：优秀作品奖
作者：陈佳慧、倪小容
单位：成都理工大学工程技术学院

电子编钟是一款创新乐器，它结合了传统编钟与现代科技，外观独特，形似书本，可打开，梯形电子器件上布满三角形感应区，靠近“书脊”处设有音孔。演奏方式有趣，通过蓝牙连接手机，用电子棒槌敲击感应区，模拟出传统编钟的声音，可调节音高、音色和音量等参数。它不仅是乐器，更是艺术品，让人在享受音乐的同时感受科技与传统文化的融合，适合各类人群。

## ◎ 未来节奏乐器设计

奖项：优秀作品奖
作者：阳世峰
单位：成都理工大学工程技术学院

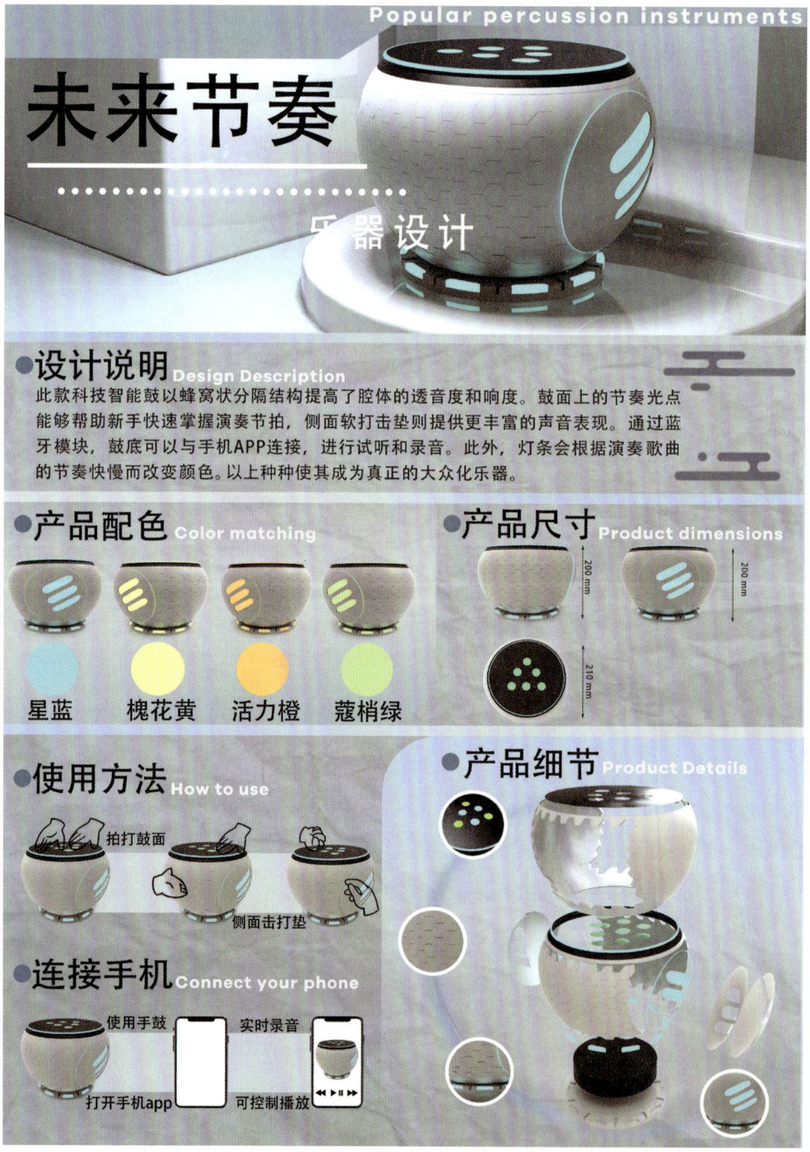


此款科技智能鼓以蜂窝状分隔结构提高了腔体的透音度和响度。鼓面上的节奏光点能够帮助新手快速掌握演奏节拍，侧面软打击垫则提供了更丰富的声音表现。通过蓝牙模块，鼓底可以与手机 APP 连接，进行试听和录音。此外，灯条会根据演奏歌曲的节奏快慢而改变颜色。以上种种使其成为真正的大众化平民乐器。

## ◎ “初鸣”——合成器无弦电子琴

奖项：优秀作品奖
作者：郑茜、帅星秀
单位：成都理工大学工程技术学院

在制作材料方面，使用可再生材料（如竹子、木头等）代替传统的塑料或金属。在造型结构方面，秉持生态环保的理念，部件易于拆卸和组装，以便维修和更换。制作工艺与结构相呼应，在生态环保的立意上创新加入雕刻工艺。在设计风格方面，不拘泥于传统式样，具有新意。该乐器设计的创新点是有机融合中外传统乐器的样式和结构。

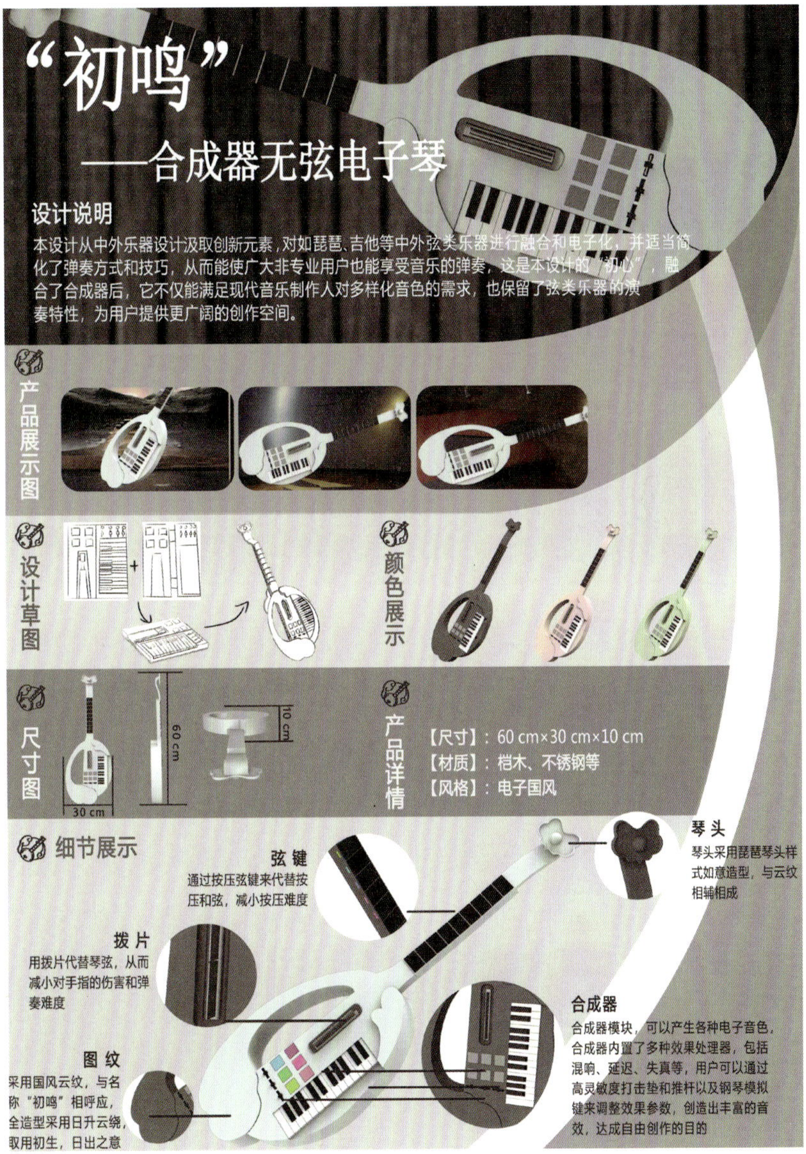

# ◎ 基于心流理论的传统古琴乐器创新应用

奖项：优秀作品奖
作者：王祥、王亚会、陈梦姣
单位：南京工业大学浦江学院

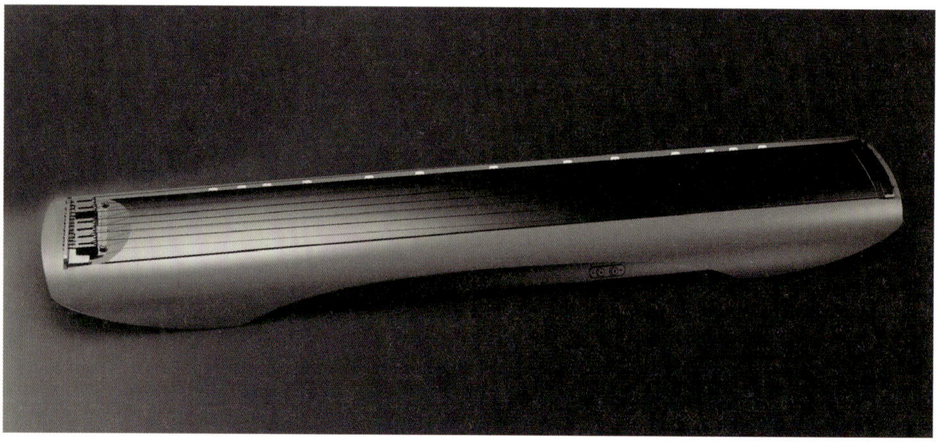

该设计在中国传统乐器古琴的基础上，加入智能科学技术以及智能交互灯光效果，让传统乐器古琴在保留传统特色的基础上更加科技化、智能化、年轻化。新的外观设计比传统外观设计更加个性化，更符合年轻人追求潮流的审美需求；插电的设计也让音乐创作存在更多的可能性；智能乐谱以及随着音乐节奏变动的灯光，不仅让演奏更加简单、有趣，也可以让用户沉浸于演奏，拥有更好的演奏体验。

# ◎ 基于认知训练的康复型琵琶乐器产品创新设计

奖项：优秀作品奖
作者：王祥、王亚会、孙明硕
单位：南京工业大学浦江学院

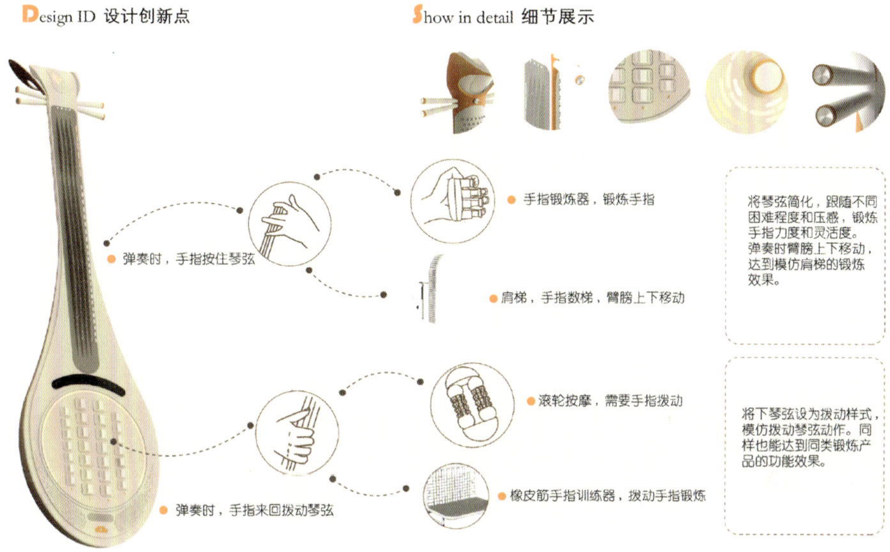


该设计以中国传统乐器琵琶为原型，将其与康复产品相结合。将手指、手臂等的锻炼与乐器的弹奏方式进行模块化创新融合设计，通过对琵琶的外形和演奏方式进行解剖、提炼，将康复锻炼产品以一种带有交互行为的使用方式呈现，达到认知康复训练、娱乐、教学的目的。分析传统音乐疗法和患者康复需求的特点后，发现利用体感振动技术以音乐疗法对用户进行康复干预，可以达到保养五脏、调养身心，预防和康复的效果。该设计通过提升乐谱的难度、快慢、感应压力，达到健脑和锻炼身体的效果。用户使用时，产品将通过压感、震动、感应灯来给予反馈和提醒。同时可通过蓝牙数据传输，分享演奏成绩和乐谱，增强用户与乐器之间的互动性，增加产品的社交属性。

## ◎ 鲸琴——电吉他

奖项：优秀作品奖
作者：唐琐
单位：成都理工大学工程技术学院

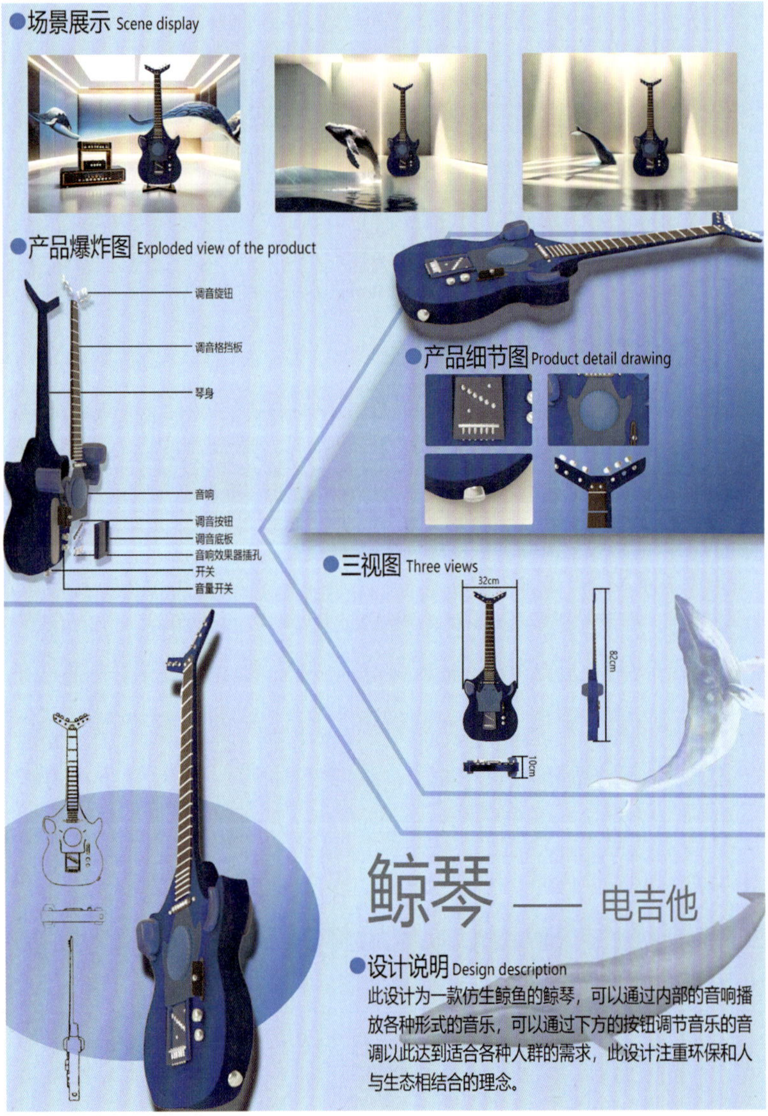


此设计为一款仿生鲸造型的鲸琴，可以通过内部的音响播放各种形式的音乐，可以通过下方的按钮调节音乐的音调以适应各种人群的需求。此设计注重生态环保，秉持人与自然相结合的理念。

# ◎ 参数化在传统琵琶乐器中的创新设计

奖项：优秀作品奖
作者：王祥、王亚会、陈艳
单位：南京工业大学浦江学院

该设计以传统乐器琵琶为设计原型，将参数化设计方法与设计元素融入琵琶的设计中，参数化设计可以优化乐器的声学特性和结构特征，优化乐器的音质和演奏性能。参数化造型的琵琶乐器更加新颖、时尚，符合现代年轻人的审美。此外，在传统琵琶上加入灯光交互的设计，使演奏者在弹奏时，既可以和自己互动，也可以和观众互动。在材质上使用亚克力的半透明材质，给琵琶营造了一种波光粼粼的感觉。

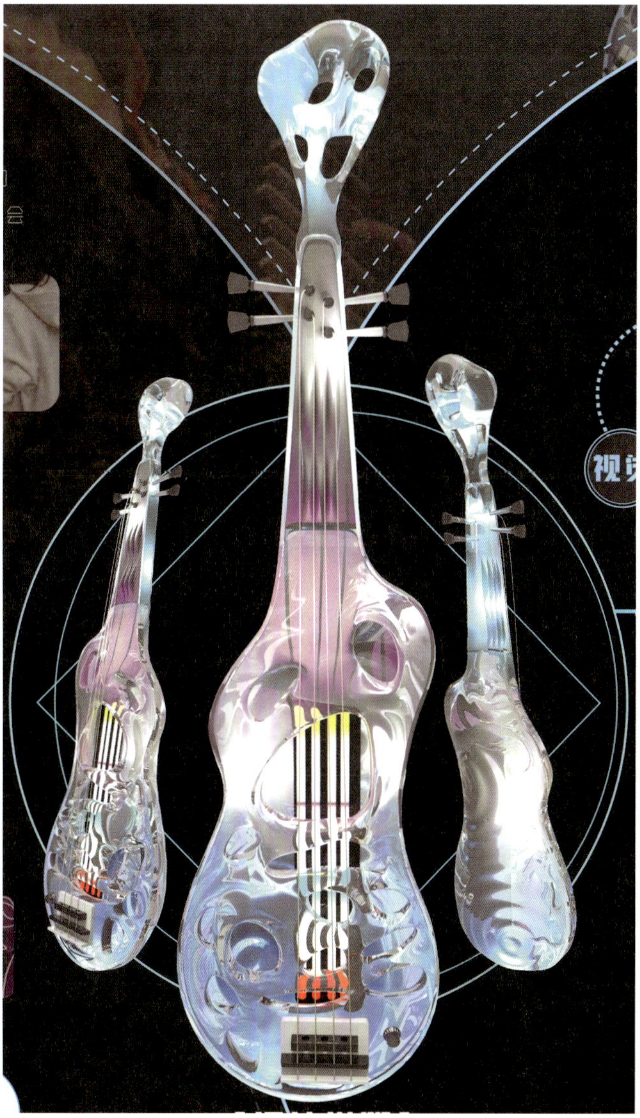

# ◎ 基于上肢训练的康复型腰鼓乐器创新设计

奖项：优秀作品奖
作者：王祥、王亚会、孙明硕
单位：南京工业大学浦江学院

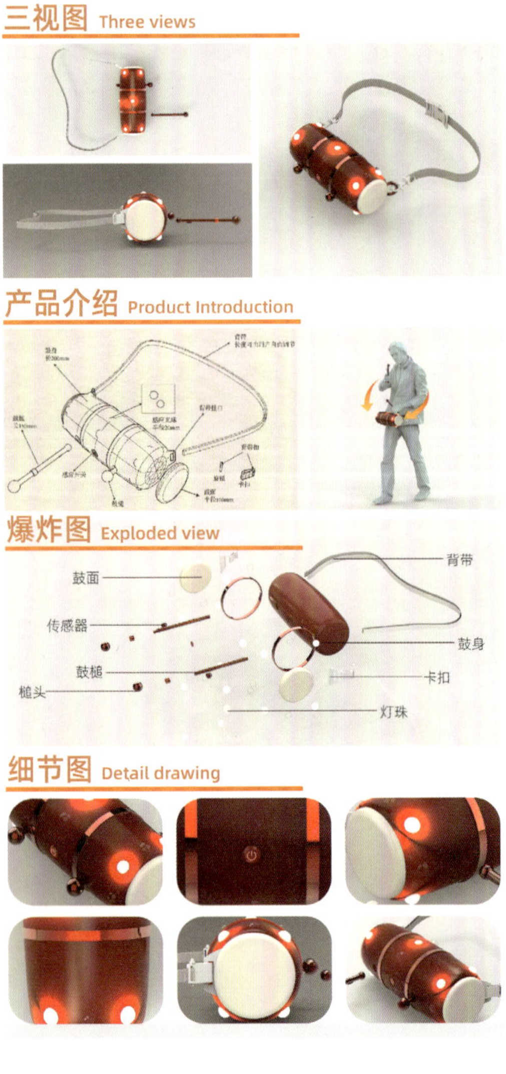


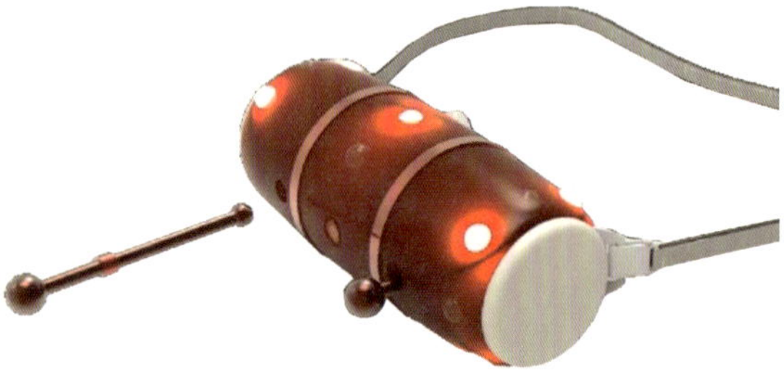

该产品以中国传统乐器腰鼓为原型，将其与上肢康复产品创新结合。将上肢锻炼行为与乐器的演奏方式进行模块化创新融合设计，通过对腰鼓的外形和演奏方式进行研究及提炼，将上肢康复锻炼产品以一种带有模块化设计的方式呈现，达到上肢康复训练、娱乐的目的，也可以达到保养五脏、调养身心，预防和康复的效果。用户使用时，产品可通过感应灯来给予反馈和提醒。

## ◎ 轻便全尺寸电子琴

奖项：优秀作品奖
作者：游正晖
单位：深圳市蔚科电子科技开发有限公司

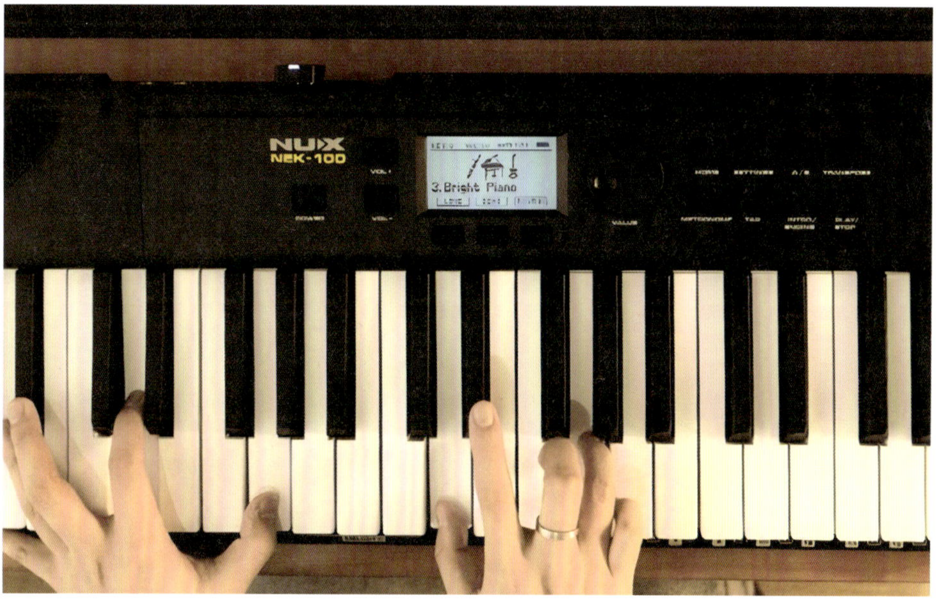

该设计面向用户家庭聚会、娱乐、入门学习等要求；产品在全尺寸琴键基础上把重量及尺寸设计得更加轻便，能在有限空间里演奏出一定的音量；琴后背附有提手方便短距离搬运；乐器提供多种音色的示范曲，以及一键伴奏功能等，使用户能快速“玩”起来。

# ◎ 时尚家居型智能数码钢琴

奖项：优秀作品奖

作者：谢石林

单位：广州珠江艾茉森数码乐器股份有限公司

该产品是一款将美观与趣味性融合的家居型智能钢琴，将精致时尚的琴体设计与简约家居风格相互融合，具有协调顺滑的琴体轮廓。该产品采用512复音数、10层动态采样、光谱插入合成技术、DSP音效音源、人体感应式触摸面板、88双色教学指示灯、独立音箱等设计。88双色教学指示灯配合智能APP可实现左右手教学、跟奏、伴奏、五线谱教学、音符瀑布流教学等多种教学功能。

## ◎ 可拆拼口琴

奖项：优秀作品奖
作者：刘家琪，陈琳芹
单位：成都理工大学工程技术学院

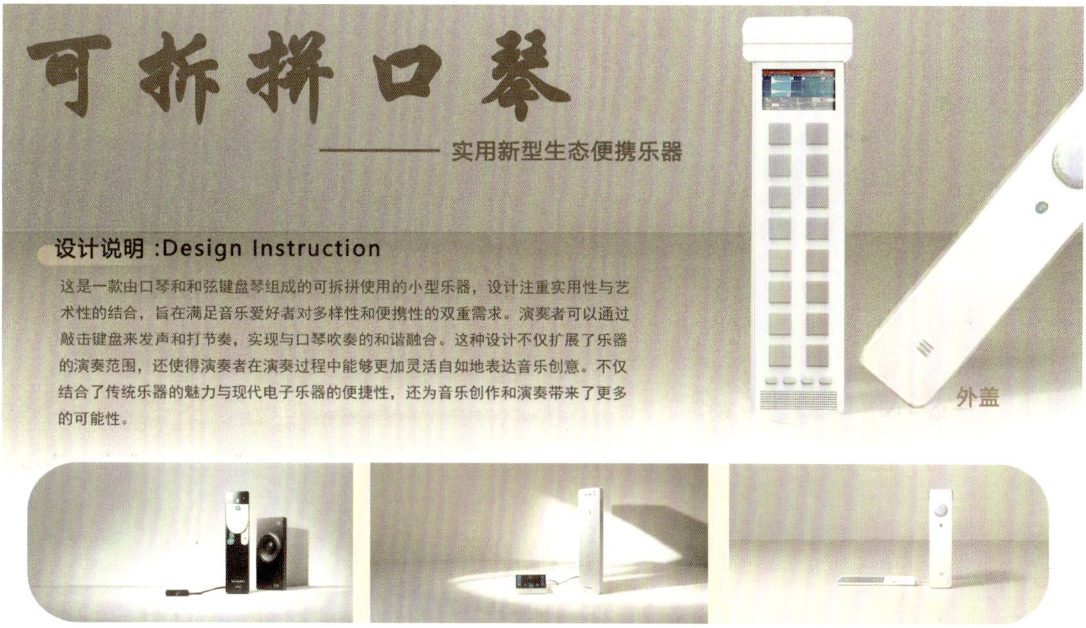


该产品设计注重实用性与艺术性的结合，旨在满足音乐爱好者对乐器多样性和便携性的双重需求。演奏者可以通过敲击键盘来演奏出各种音色和节奏，实现与口琴吹奏的和谐融合。这种设计不仅扩展了乐器的演奏方式，还使得演奏者在演奏过程中能够更加灵活自如地表达音乐创意。不仅结合了传统乐器的魅力与现代电子乐器的便捷性，还为音乐创作和演奏带来了更多的可能性。

## ◎ 柏斯电钢琴

奖项：优秀作品奖
作者：李志洲
单位：柏斯音乐集团

该乐器采用大屏设计，为乐器功能扩展提供了无限可能，可以与移动互联设备接入，进行教学、作曲、读谱、视频播放、直播等。采用360°环绕音箱，提供不同的音响效果，与环境更加融洽。简洁、现代的外观适用于舞台、现代感家庭装修风格，适用人群为追求时尚的年轻人。自动升降、开合的键盖，让其使用更加便利，闭合后外观简约，具有现代感。

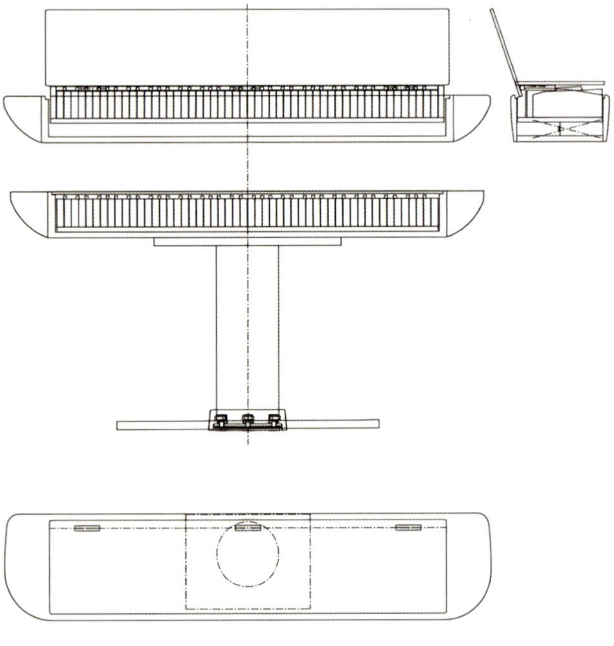

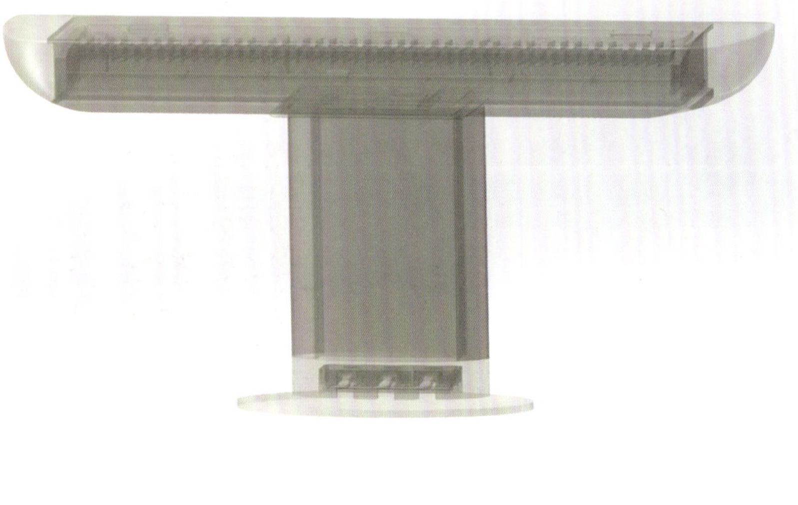

# ◎ 智慧多核乐器合成 / 效果处理 DSP 芯片

奖项：优秀作品奖
作者：顾冰峰、何小学、江万年
单位：得理乐器（珠海）有限公司、菁音电子科技（上海）有限公司

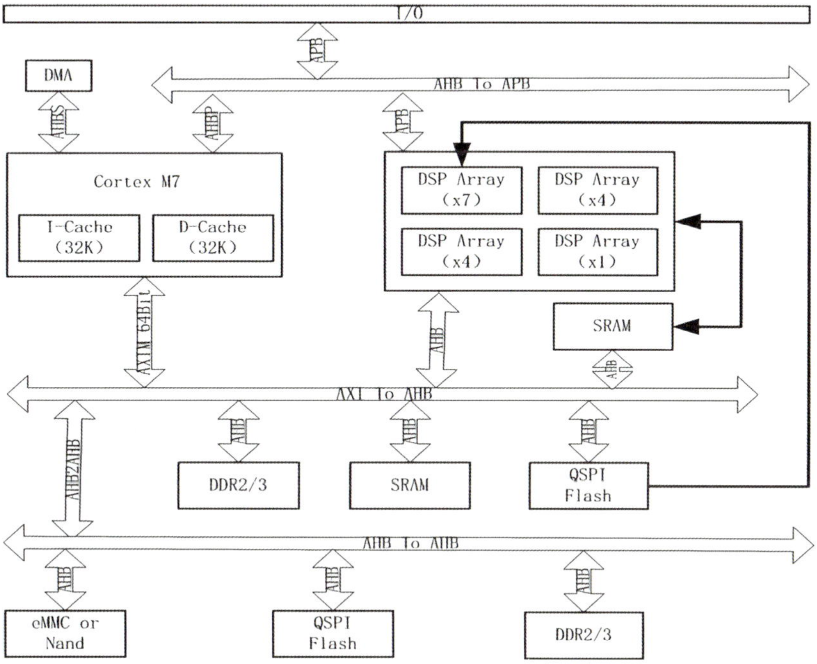


该设计综合了通用芯片和专用芯片的优点。把通用 32 位 MCU 和多核 DSP（16 个内核）设计到同一颗芯片上，既拥有了良好的开发环境，又能提供更高的算力；能够在提供高同时发音数（256 个）的同时，还能提供各种音效的并行计算处理。多核 DSP 灵活组合，为各类乐器开发提供了底层计算能力。芯片中的每颗 DSP 都可以完全编程；多核 DSP 可以串行、并行或者串并行组合运行。为乐器设计、研发人员的创意提供实施保障。在音高处理上，可以提供线性、非线性的实现方式；滤波器可以根据乐器不同而做相应的设置。

# 膜鸣乐器篇

# ◎ 23型定音鼓

奖项：优秀作品奖
作者：吴定军、戴永才、陈广义、刘佳辉、裴晓虎
单位：天津市津宝乐器有限公司

与传统定音鼓相比，该款定音鼓具有重量轻、搬运携带方便、体积小的特点。

23型定音鼓变音踏板直接固定在底座上，演奏者脚踩踏板旋转变音，不会因为身体平衡问题而影响演出效果；另外演奏者长时间踩踏变音板，脚腕易疲劳，这种踏板结构可使脚腕得到休息，缓解疲劳；23型踏板只需一个动作就可达到定音鼓变音目的，而传统款定音鼓变音踏板结构是脚悬空，先开锁，后踩踏变音，需两个动作，变音烦琐，演出者容易身体重心不稳，所以说23型定音鼓踏板变音更简便、快捷、灵敏度高。

23型定音鼓在同型定音鼓中首次运用音域微调结构的设计，该功能使音域调整更加准确，减少多个鼓皮螺杆反复、来回调整的时间；即使在演奏中因气候变化而发生音域改变，也能迅速调整。

# 气鸣乐器篇

创造·创新 转化·发展

## ◎ 双号口上低音号（JBEP-1146）

奖项：最佳声学一等奖
作者：朱桂珍、杨学民、齐金全、刘佳昌、孙敏
单位：天津市津宝乐器有限公司

此款上低音号创意设计主要在于能适合多音色演奏，富有表现力，具有通透饱满的音色和良好的共鸣性，适用于所有演奏者。

基本配置：$^{\flat}$B 调；管径 15 mm；磷铜直号口直径 300 mm；黄铜弯号口 205 mm；3+2 立式活塞，带音程补偿系统，加宽音域；白铜变音管外管；白铜吹口管。

可演奏上低音音色，按下第五键为长号音色，把位舒适，切换灵活。

## ◎ SWAN 音乐和弦口琴

奖项：最佳声学二等奖
作者：陈滔
单位：江苏天鹅乐器有限公司

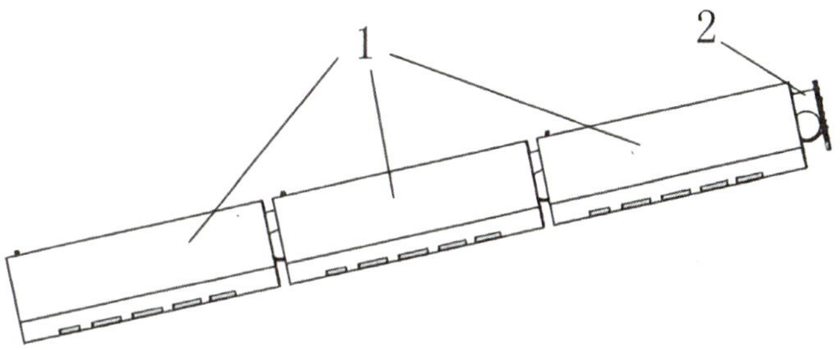


该产品是一种集教学和演奏为一身的模块化和弦口琴，属于金属音簧片振动发声的多簧片乐器。音乐和弦包括三个调式口琴（C 调、F 调、G 调），每只口琴由琴格本体、覆盖在琴格本体两侧的座板及覆盖在座板上的盖板组成，琴格本体包括多个和弦组和贝斯组，和弦组和贝斯组间隔交错排列，琴格本体通过隔板分隔成上下对称的多个琴孔，每个贝斯组在上片、下片分别对应四个琴孔，每个和弦组在上片、下片分别对应四个琴孔，每个琴孔对应一个音孔，音孔上对应安装有音簧片，音簧片安装在座板的内侧，该口琴全部是吹音，是一种和弦与贝斯合为一体的音乐贝斯口琴。

琴体的左侧均设有第一安装槽和设置在第一安装槽内的转动机构，且转动机构外侧连接有导向机构，每个本体的右侧均连接有导向机构配合工作的契合机构，转动机构包括转动轴、两个转动盘和两个滑动块，通过导向机构、契合机构和转动机构，琴体与琴体之间可以快速安装拆卸，同时该装置在使用时由于导向机构与转动机构的连接，琴体之间可以进行一定角度的调节，使得连接之后琴体之间的总距离变短，便于使用者使用。其可任意重组、随意拆卸、轻松连接，方便携带。

## ◎ 带有第三活塞转调系统的低音长号

奖项：最佳声学二等奖
作者：滕鑫宇
单位：南京艺术学院

低音长号作为一种铜管乐器，广泛应用于各种不同的演奏场合，并且是交响乐团低音声部不可或缺的乐器。该作品的创新和改革点在于对第二阀键结构系统的整体改良，针对常规低音长号第二阀键♭B—♭G以及两种阀键系统在演奏时，乐曲中个别音高把位相互切换不便而重新设计了结构模式。主要创新点为在原有低音长号管体的基础上通过额外增加第三活塞改变原有的第二阀键附加管结构框架，重新设计附加管安装轨迹并与附加第三活塞相连，最终达到改良效果。目前可以解决低音长号两种阀键系统在相互切换过程中把位运用的问题。

## ◎ 低音号调音管内推传动装置

奖项：最佳声学二等奖
作者：邓蓦柏
单位：南京艺术学院

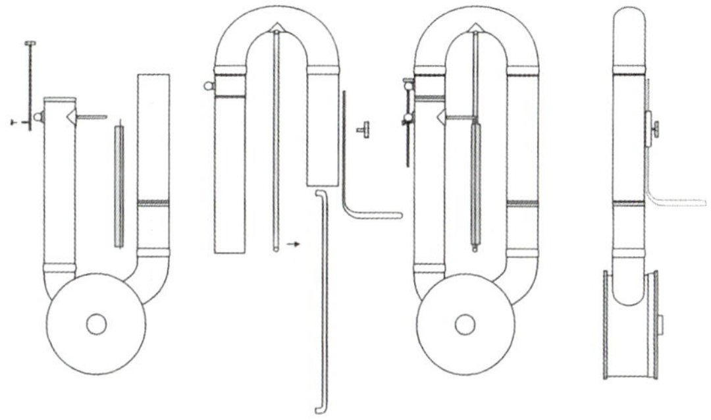

该产品可用于常规的低音号，低音号需要演奏者在演奏的同时调节调音管以达到正确的音准。而目前的调音管辅助传动装置（Trigger）只存在传统向外推动型，因此若初始音高偏低，容易出现复杂机械无法手动调节的情况。故需要一类可以向内推动的装置以缓解此类问题。

# ◎ 一种管乐器音孔内调音装置及包含该装置的笙

奖项：优秀作品奖
作者：张莉
单位：四川音乐学院

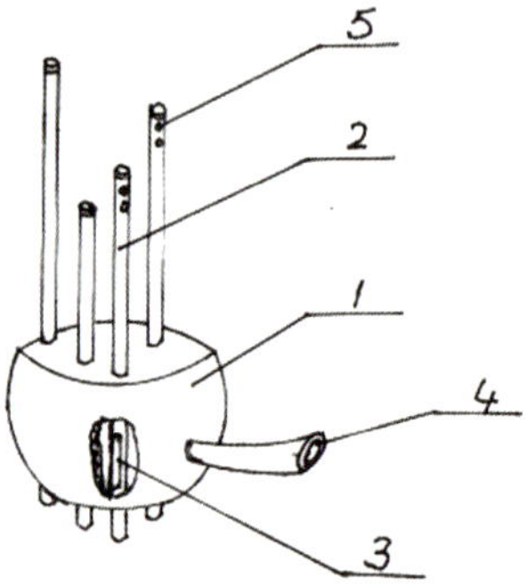


图1

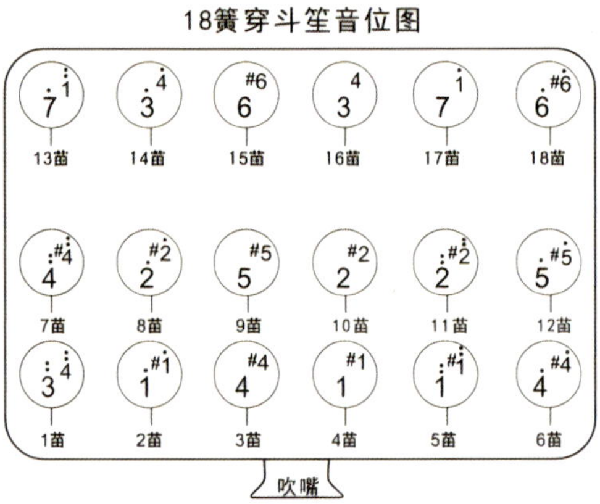


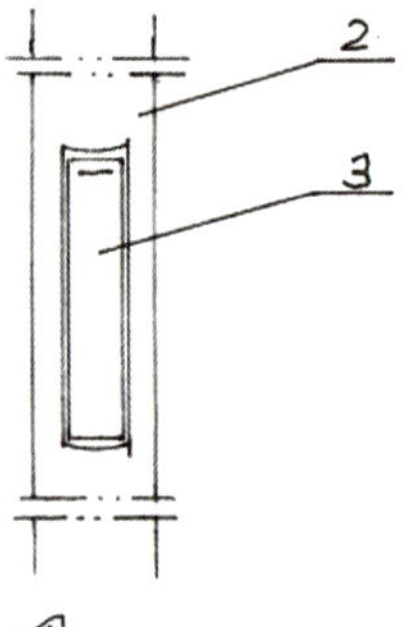


图2

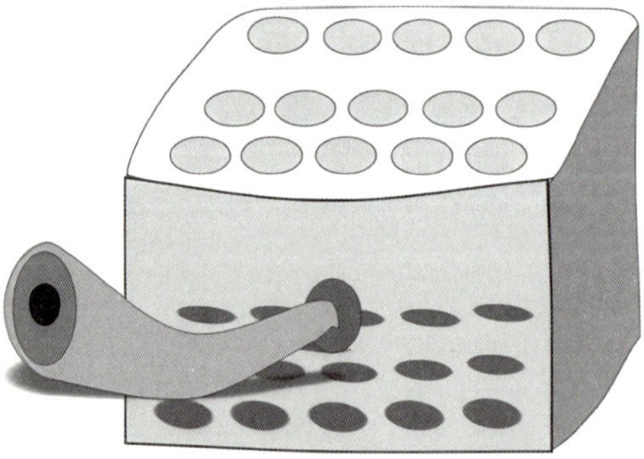

该创意为管乐器音孔内的调音装置及包含该装置的笙，调音装置包括乐管和挡片，所述乐管上有长条形音孔，所述挡片可相对于乐管的内壁滑动，使所述挡片部分遮挡长条形音孔，从而实现调节音高的目的。该产品部件包括乐管、挡片、滑片、长条形音孔盖、第一连杆、第二连杆、支撑座及按键，音孔盖与长条形音孔错开一定角度，方便使用长条形音孔内的调音装置进行调音，本调音装置简单实用，不需要再在簧片上用点朱砂的传统方法来调音。

## ◎ 全吹吸半音阶口琴

奖项：优秀作品奖
作者：陈滔
单位：江苏天鹅乐器有限公司

全吹吸半音阶口琴采用全新全音阶排列方式，打破传统吹吸习惯，通过推键实现全吹或全吸演奏，简化了吹琴技法，增加了音乐的流畅性。演奏方式更具美感，且易于控制音乐中的情感和力度。其中，五声音阶的设计是为了适应中国民族调式，使旋律更为连贯流畅。相比传统的吹吸交替方式，全吹吸口琴能让音乐旋律更加完整，避免因吹吸转换而产生不连贯的效果，从而使音乐更具韵味。

# ◎ 新型材料环氧树脂单簧管

奖项：优秀作品奖
作者：李天皓、陈宣橙
单位：南京艺术学院

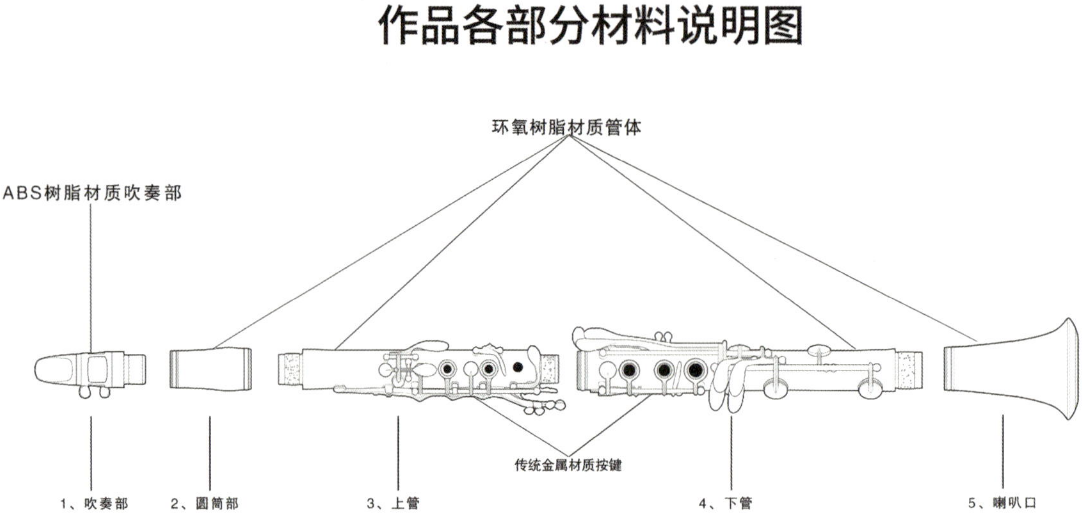

本作品的创新之处在于采用了新型材料环氧树脂制作管体。经过多次实验与制作验证，环氧树脂被证实为一种优秀的制作材料。通过特定比例的液态环氧树脂混合固化制成的管体，具有高硬度、耐水、耐腐蚀等特性，且能承受一定温度。此外，环氧树脂管体不仅保证了乐器的演奏质量，而且有效减轻了整体重量，有助于缓解长时间演奏后指托处拇指的酸痛感，同时，其表面还有个性化涂漆装饰。

## ◎ 中西交融之韵——单簧竹竖笛

奖项：优秀作品奖
作者：杨帆
单位：南京艺术学院

该作品以巴洛克时期古乐器“沙吕莫管”为原型，该笛由三节可拆装的部分组成，分别为笛头、圆筒部、管体。乐器的管体材质为杭州中泰的苦竹，采用中国竹笛传统制作工艺进行制作，圆筒部采用3D打印制作，表面装饰设计运用彩绘、螺钿工艺。乐器可以通过簧片振动发出声音，与原型沙吕莫管相比，音色更为悠扬、柔美、醇厚，既富有西洋乐器簧片振动的浑厚之音，又具有中国民族乐器神秘的东方之韵。

# ◎ 新曲笛

奖项：优秀作品奖
作者：马铭心、李丰凯
单位：辽宁歌舞团

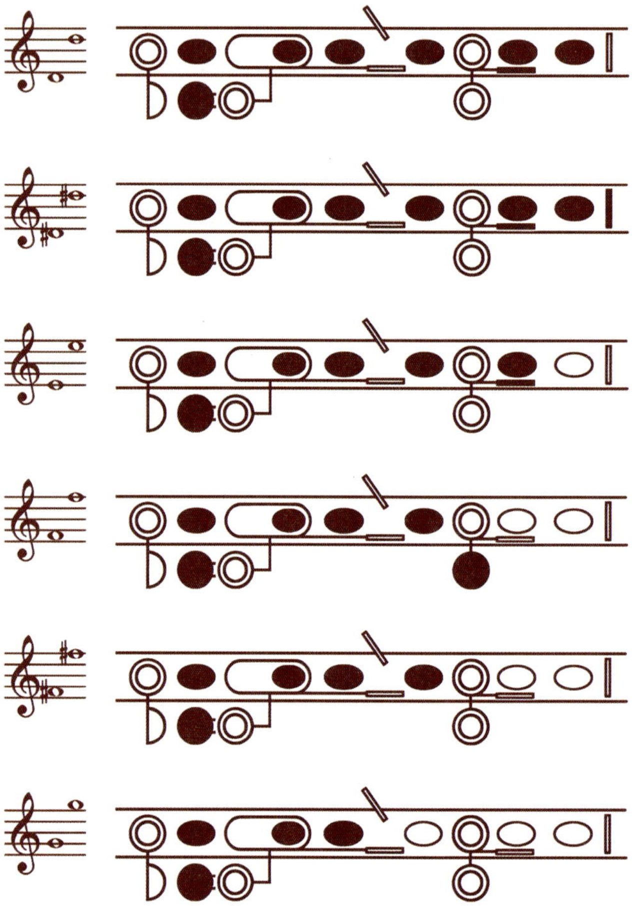

该产品设计共 13 个音孔（键），可自由快速地演奏所有调的音阶、旋律、琶音等。采用键孔结合的设计原理，最大程度地方便中国音乐风格技巧的演奏。同时，保留了六孔制指法，使六孔竹笛与长笛的演奏员更容易使用新曲笛。由于单键与复键的加入，产生了更多的同音代替指法，使得演奏更加灵活多变。新加入左手拇指控制的颤（滑）音键，补充了 #F 到 A 之间的滑音。

## ◎ 鸠鸟弋江——“青瓷鸟埙”再造

奖项：优秀作品奖
作者：高海翔
单位：南京艺术学院

本作品以安徽省芜湖市繁昌区出土的唐代“青瓷鸟埙”器型为蓝本，以现代音律学理论为基础，采用传统的制埙工艺，以“鸠鸟弋江”为设计主题制作而成。设计者希望可以探索出以传统乐器为载体，将地方文化特征与历史沿革融会贯通，并呈现于乐器之上的文化保护方略。

# ◎ 模块化萨克斯笛头设计

奖项：优秀作品奖
作者：乌子涵
单位：南京艺术学院

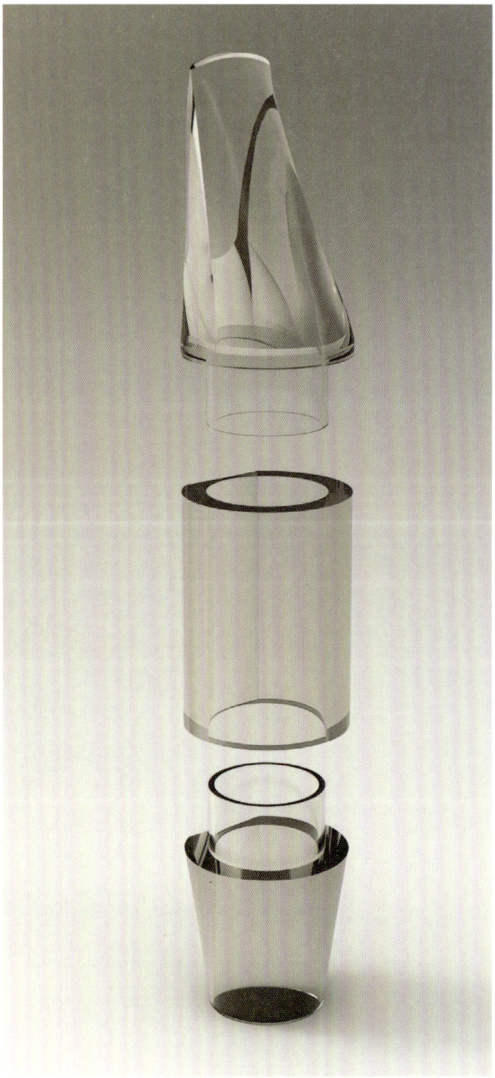

该乐器将传统一体式的笛头分解为头部、身部和尾部三个组件。通过改变风口的大小、内堂反音板角度和内堂风洞形状等，影响气流的速度和方向，从而影响演奏音色和表现力。笛头尾部的设计通过调整尾部结构，改变振动的传播方式，增强了音色的质感和表现力。在模块化设计中，除了可以自由组合笛头的头部和尾部部件外，用户还可以选择不同的风口和材质，实现个性化的音色调整和搭配。

## ◎ 行进长笛

奖项：优秀作品奖
作者：王文件、潘跃强
单位：天津市津宝乐器有限公司

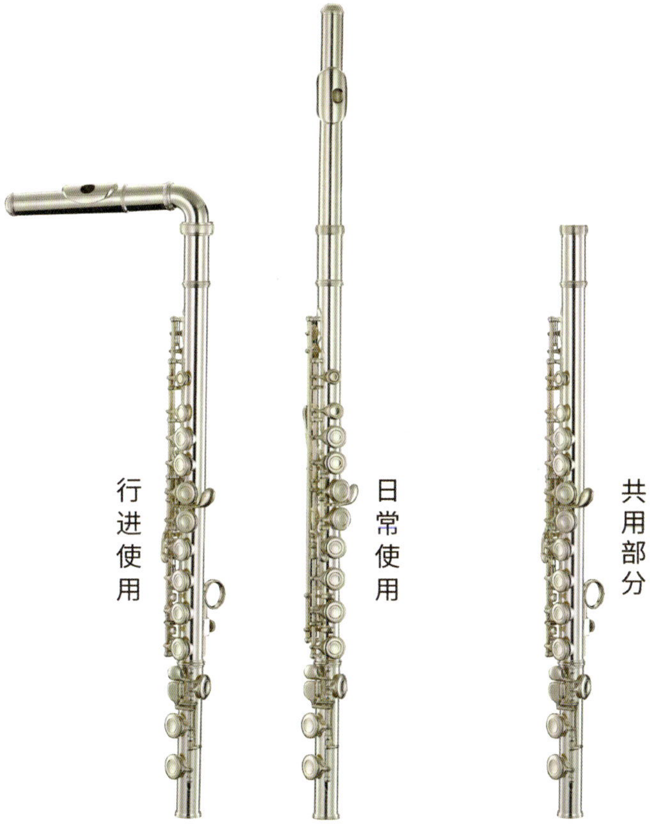


该行进长笛是在传统长笛基础上进行的创新设计，特别适应行进乐团的演奏需求。其竖吹设计和活动指环使乐手在行进中更易于把握和吹奏，同时配有锁紧装置，方便固定吹奏角度。此外，该长笛还配备了普通长笛吹口管，适用于室内演奏。其按键部分采用独家首创的冲压一体音键工艺。白铜材质提高了音键的强度，不易变形，相较于传统工艺，其强度和密度有显著提升。

# 体鸣乐器篇

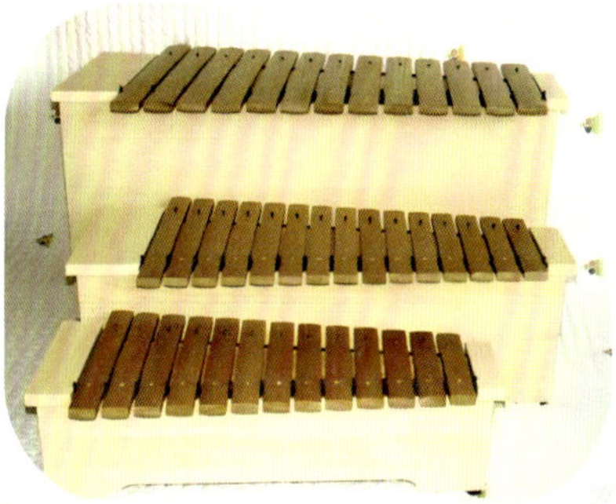

创造·创新 转化·发展

## ◎ 音块式 / 箱式合一的音条类乐器

奖项：优秀作品奖
作者：应有勤
单位：上海音乐学院、东方乐器博物馆

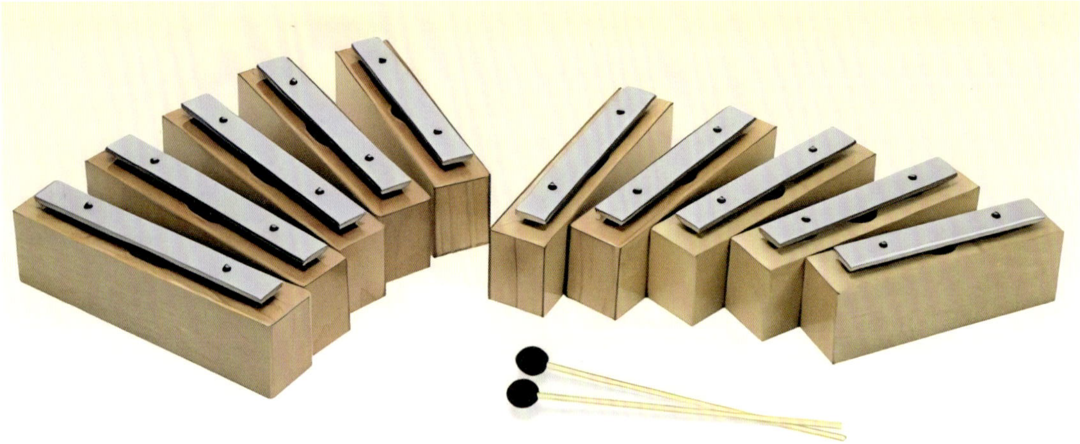

常见的“音条类”音乐教具有：钟琴、木琴、铝板琴等。声学上属“两端自由的棒振动”。该设计以软节线套替代海绵橡胶，用长方形弹性套裹住琴片两个节点，不用开孔，就能把接线套移到节点的准确位置，从而获得最佳音色。再用节线夹卡在共鸣管上，琴片的振动就能通过共鸣管斜口发生耦合共鸣。整个乐器可由学生在音乐课堂自己装配，锻炼他们的动手能力。

## ◎ 高分子材料可装卸昂格隆

奖项：优秀作品奖
作者：应有勤
单位：上海音乐学院、东方乐器博物馆

可装卸昂格隆乐器，已作为音乐教具渐渐走向东南亚和欧美各国。该设计改进了它的材质，改善了它的音色，但仍保留原结构和原有演奏特色。

新昂格隆的部件有底管、直杆、横杆等，在课堂上可短时间内直接拼装成一件昂格隆，锻炼学生的动手能力。整根音管的管段（底端封闭）长度依平均律相邻音频率比计算。

设计师经推算，发现：凡厚度宽度相同的琴片，依十二平均律从长到短的相邻音管按“长度比”计算。因昂格隆音管由半段瓦和半段管连成，属不规则棒体，在调音打磨音管顶端时，可根据音高频率做微调修正。乐器材料新颖，不受气温和湿度变化的影响，音色统一。

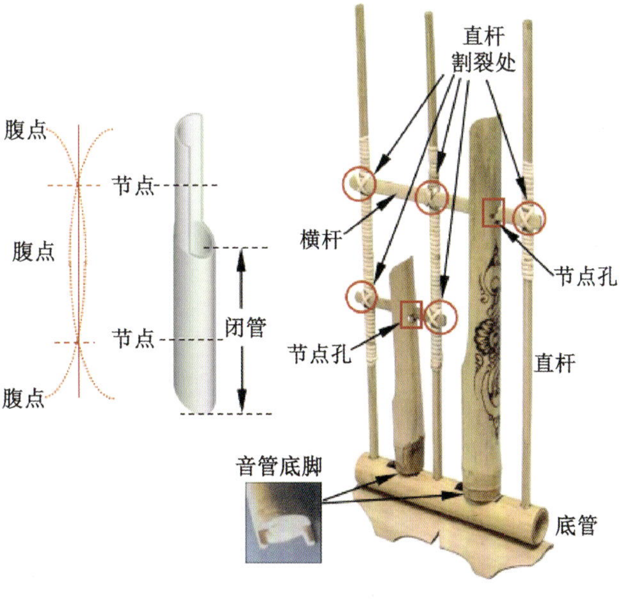

# ◎ 北方少数民族非遗产品创新设计——口弦琴

奖项：优秀作品奖
作者：葛晓官
单位：齐齐哈尔大学、广东人因与工效学应用技术研究中心

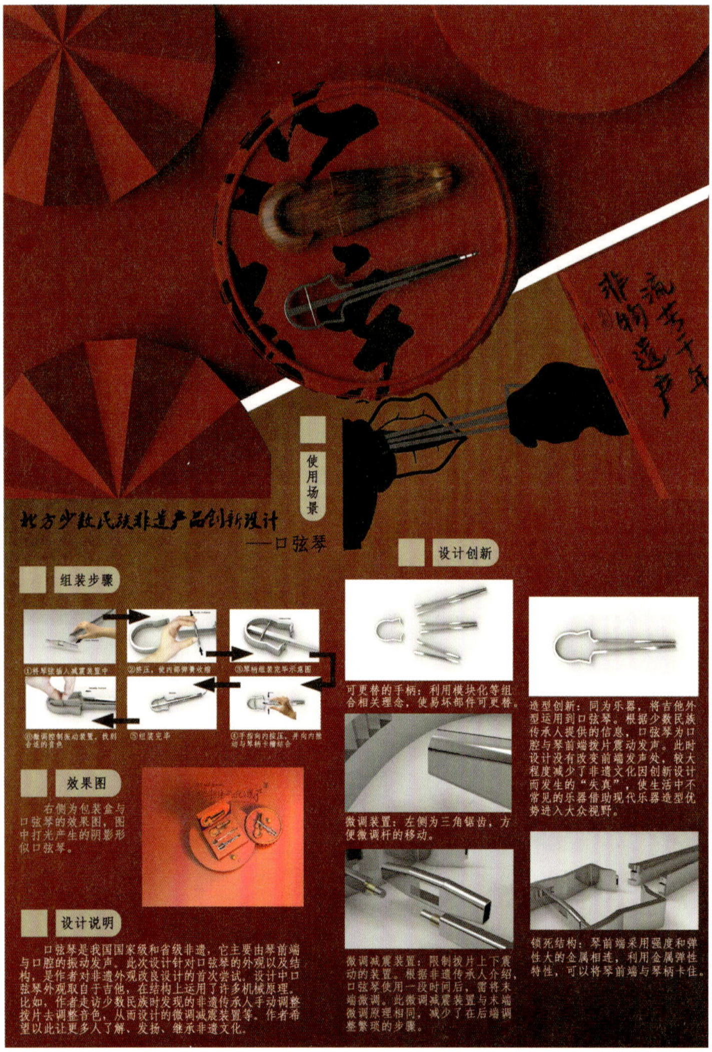


这是一款针对口弦琴的外观及结构进行创新的设计。外观取自吉他，在结构上运用了众多机械原理，比如，设计者走访少数民族时发现非遗传承人手动调整拨片去调整音色，从而设计了微调减震装置，为了避免琴头处容易损坏还设计了模块化替换装置结构等。设计者希望以此让更多人了解、发扬、继承非遗文化。

# ◎ 南钟艺韵——编钟

奖项：优秀作品奖
作者：杨昊
单位：南京艺术学院、澄海源计划创意设计工作室

本作品借鉴汉代编钟样式，创意点在于超低音钟体等多种元素的融合，它将钟体框架、悬挂系统、纹饰及支架与特定汉字形状相融合。取“南”字来设计整体造型的样式，并以“艺”字的造型作为编钟的挂钩部分。运用符合特性的金属材料铸就钟体。尤以特定的木质材料进行主体框架、顶部装饰、横梁等部件的制作，也将较具新意的双环状结构运用于横梁支撑、钟体悬挂等方面；整体的装饰以江苏省的省花“茉莉花”作为主体框架的装饰纹案，意在突显独特的意韵和人文元素。

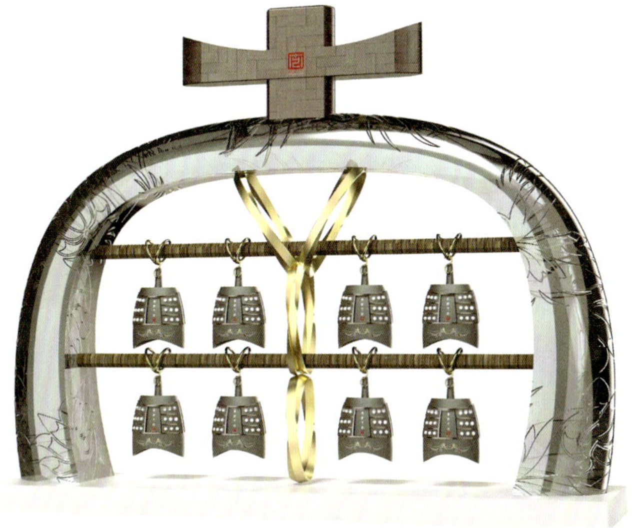

# 弦鸣乐器篇

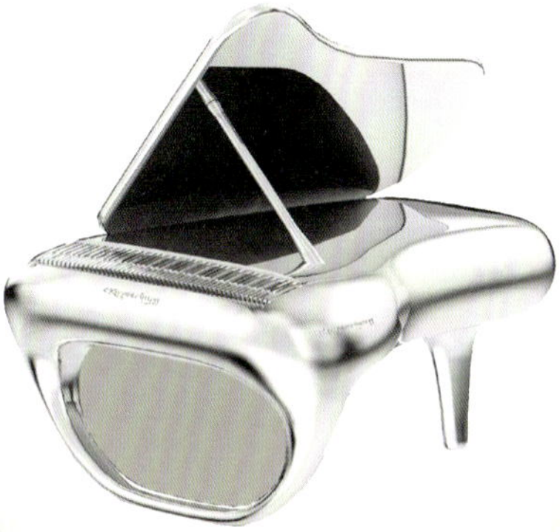

创造·创新 转化·发展

# ◎ 云·荒——古筝

奖项：综合金奖
作者：陈强强
单位：西安朱雀乐器有限公司

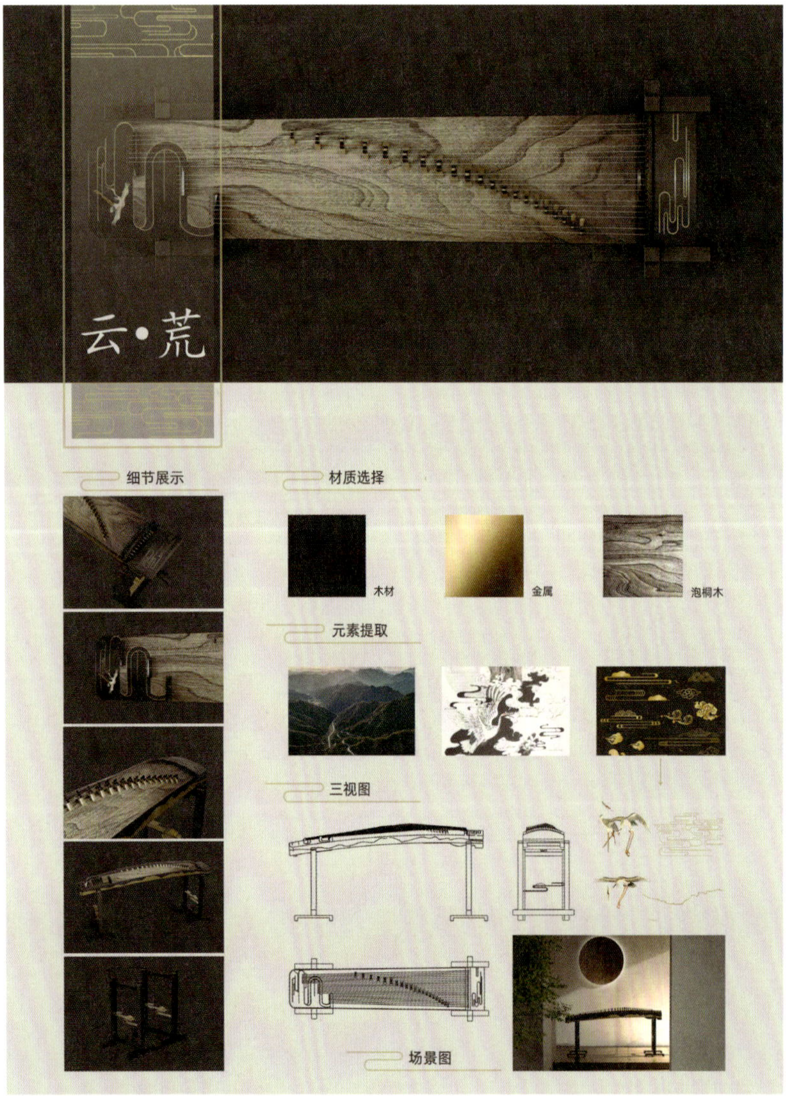


该古筝设计重视将传统文化与现代美学相融合，主体采用中国传统纹样祥云纹，再用仙鹤进行搭配，整体彰显东方美学，除此之外古筝整体分为上下两部分，采用秦岭七十二峻山脉的起伏变化纹样进行区隔，以此来表现天和地的概念。材质方面选择将现代金属与传统木材相结合，彰显新中式风格，既有古典之清韵，又有现代审美。

# ◎ DS191 音乐钢琴设计

奖项：综合银奖
作者：潘启槟
单位：广州珠江恺撒堡钢琴有限公司

该乐器的设计定位是一个户外的音乐文化交流载体。该产品首次把液态金属的设计理念融入现代钢琴中，具有极简的线条和充满现代艺术美感的流线型曲面，用纯手工打造而成，整台钢琴从不同角度欣赏都给人以飘逸流动的视觉享受。全镜面不锈钢外观可以与演奏者更好地进行互动，也更容易融入自然环境。同时，这台钢琴还具有独特的音响效果。

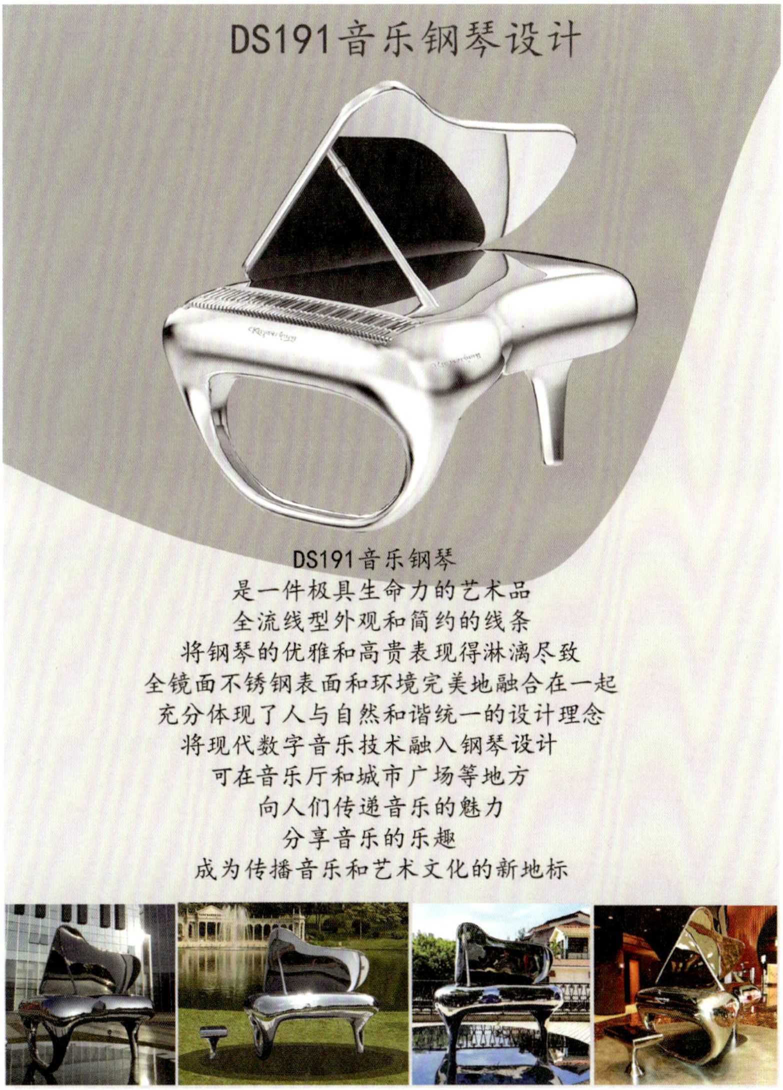

## ◎ 凝·向未来——水晶卧式钢琴 G57

奖项：综合铜奖

作者：李国栋、赵秀伟、丁象峰

单位：北京星海钢琴集团有限公司

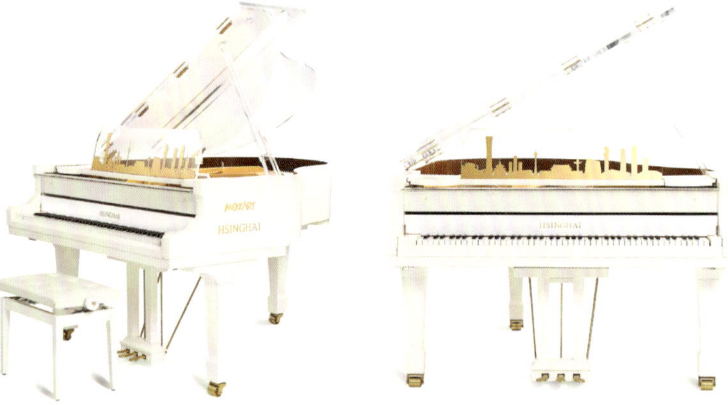

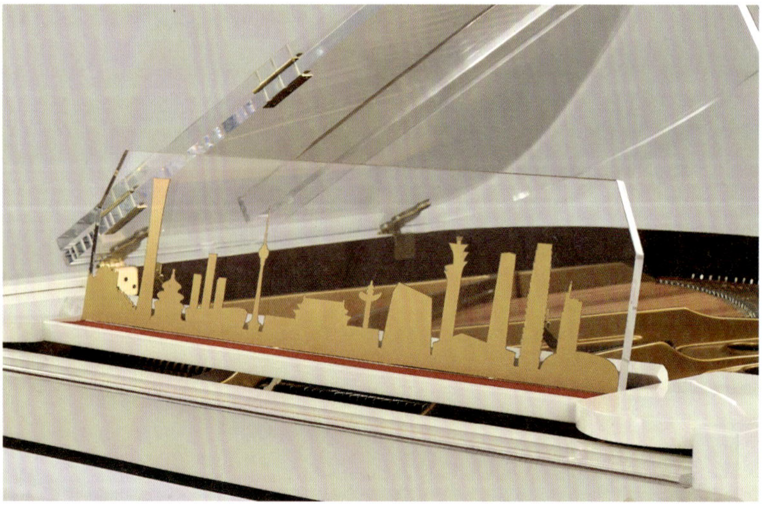

这款卧式钢琴设计以白色为主色调，上顶盖及谱架采用透明亚克力材料，钢琴谱板上的建筑剪影展现了现代都市的建筑特点，卧式钢琴的弯壳前端采用硬朗的线条设计，键盖颜色采用透明与白色拼结设计，键盖关闭时，部分黑白键仍清晰可见。弦列采用德式叉型排布式设计，弦码采用垂直多层单板。

## ◎ “东西物语”系列乐器

奖项：综合铜奖
作者：钱冰菁
单位：上海民族乐器一厂有限公司

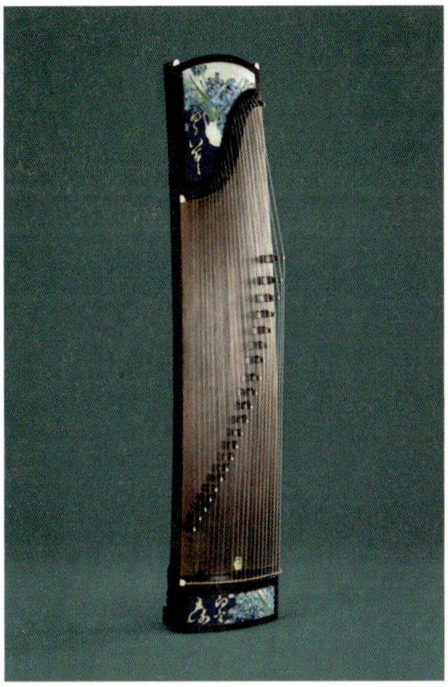

该系列乐器有古筝、琵琶、二胡、月琴、中阮，以梵高的《鸢尾花》为主基调，采撷印象派大师梵高笔下一束繁茂的春天，于和谐柔美之中，心绪尽情绽放；提取书圣王羲之《草书上虞帖卷》中的“今在上虞”字样，笔致清劲，于传统根基中，喷薄秀华才气。系列乐器都采用上等的材料及制作工艺，外观美丽，音色上佳。

## ◎ 万众一心·华梦国琴——漆画卧式钢琴

奖项：综合铜奖

作者：孟宇、赵秀伟、杨杰、王英、丁象峰、李国栋
单位：北京星海钢琴集团有限公司

此作品是为人民大会堂落成60周年而特别设计的漆画卧式钢琴。其漆画采用传统大漆工艺，展现了中国传统漆艺独特的美感和东方文化的神韵。在钢琴的后顶盖上运用蛋壳镶嵌技法，使其画面更为细腻、生动。脱胎于中国传统漆艺的漆画赋予了这款钢琴极高的文化价值，传承和弘扬了传统文化，让人感受到时代与历史的厚重感。

## ◎ 星乐联萌——卡通立式钢琴

奖项：最佳外观二等奖
作者：李国栋、赵秀伟、丁象峰
单位：北京星海钢琴集团有限公司

该作品是一款面向琴童的可爱的、充满童趣的立式钢琴，是电影《外太空的莫扎特》的联名款。钢琴整体采用黑白配色，并融入了多种卡通元素。键盖打开和关闭时呈现出两种不同的“莫扎特”表情，以大熊猫为原型设计的卡通形象“莫扎特”赋予钢琴以生命力，钢琴外观使用环保的 UV 涂料喷涂在上门和下门上，呈现出“莫扎特”的头部和下身。钢琴的音源系统结合德国钢琴制造的工艺优点自主研发设计，声音明亮圆润，具有较强的穿透力和表现力。

## ◎ 可精准调音并可丰富演奏技巧的 Lyre

奖项：最佳外观三等奖
作者：潘朝
单位：广东省惠州市琢模艺术品有限公司

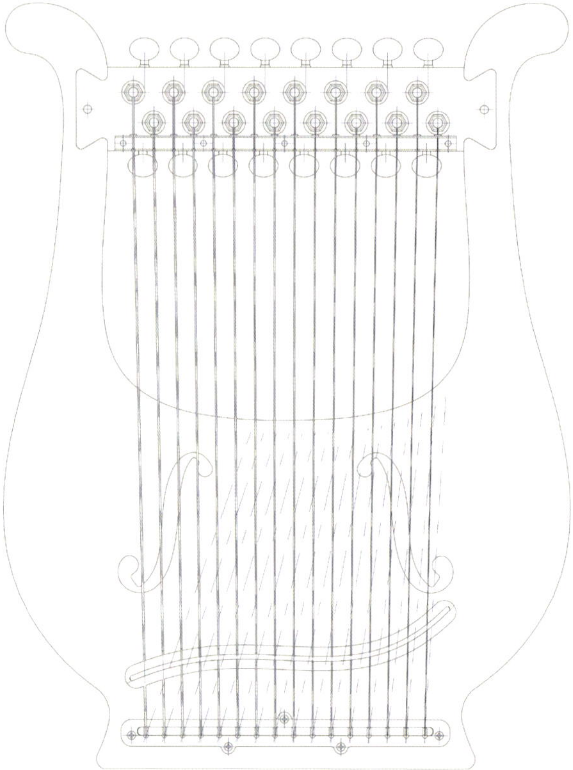

该设计造型采用了最经典的 Lyre（里拉）外形，在固弦结构上重新做了改良与优化，实木材质，CNC（数控）加工琴体配合传统榫卯结构组装，使用尤克里里专用旋钮，错位排列固弦与调音，该做法可精准调音、稳定音阶，使其不易走音。同时配合弦轴位对应设计“U 形弦枕”，优化了琴弦等距、平整度的问题，并统一了压弦角度，提高了固弦稳定性与统一性。又借鉴古筝左手按弦的演奏手法，利用“穿箱式背后固弦”的方式，便可实现类似古筝左手按弦的演奏技巧。

## ◎ 独弦琴

奖项：最佳外观二等奖
作者：孔德涵
单位：南京艺术学院附中

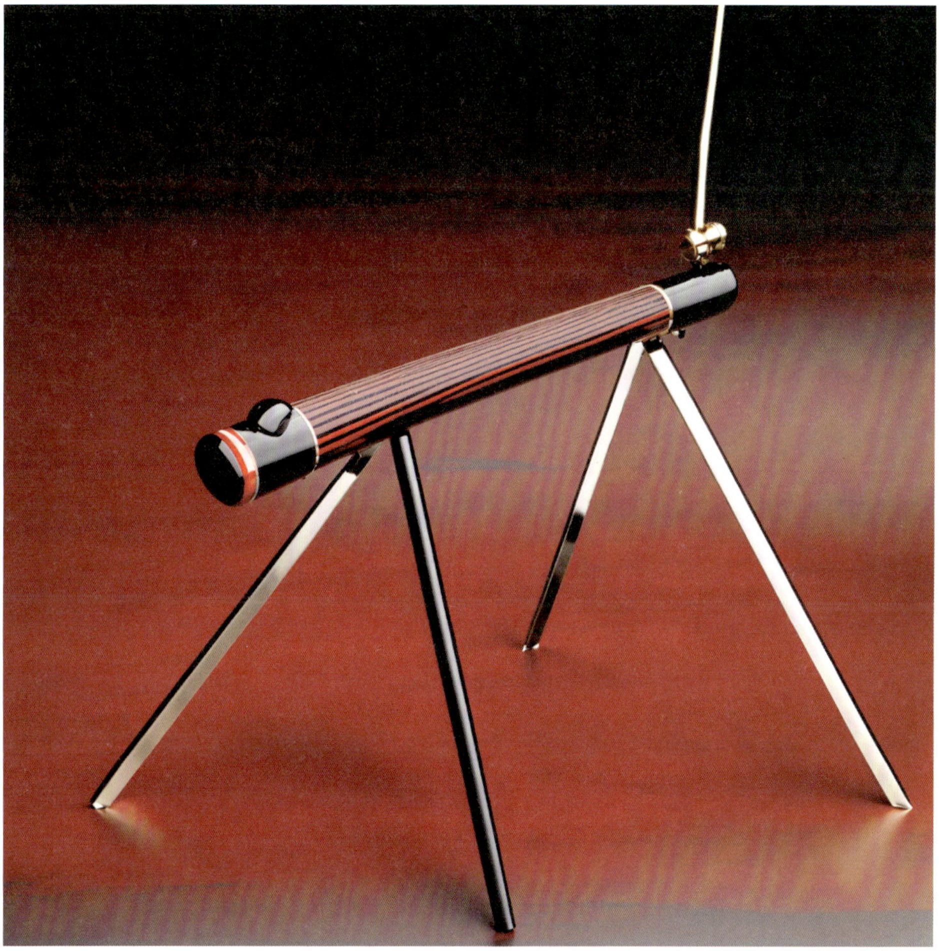

该作品采用红、黑配色，运用大漆工艺，外观设计独特新颖。其发音与京族民歌音调极为相似，装饰音富有吟唱般的韵味，所以在为民歌伴奏时，琴声与歌声交融，两者浑然一体。独弦琴既是优美的独奏乐器，也是出色的伴奏乐器，还可参与重奏或合奏，在民族乐队中，独弦琴往往作为色彩性乐器使用。

# ◎ 星海·央音 XY-6CE

奖项：最佳声学三等奖

作者：黄萧磊

单位：北京星海钢琴集团有限公司

此台立式钢琴采取校企联合设计的方式，由高校的专家把控音质、音色，围绕专业院校演奏用琴的定位，偏重于音质和音色方面的提升。通过优质的材料、精湛的工艺、专利技术等达到专业院校钢琴的使用标准。击弦机工艺全面升级，不仅触感灵敏，静阻力小，而且可靠性高。通过对各个部件的精确装配，以及严格选材，降低了击弦机在演奏过程中的摩擦力，使弹奏更加轻松。通过提前进行气候处理，使得击弦机稳定性大大提升。央音 XY-6CE 拥有低音延音踏板与手动弱音系统。比起常规型号，多出的低音延音踏板，可以为音乐家提供更多的演奏可能性。踏板的造型符合人体工程学，缓解弹奏者踩踏板时的不适感，避免踏板局部过早或过度的磨损。

该琴使用亚光漆面，桃花心木表板，经过精心设计的外观简单大气。通过巧妙的机械装置，实现了特有的键盖与谱架板联动，打开键盖的同时，谱架板也会一同打开。钢琴正面的面板被区隔成三块，中间为大谱架板，两边是两个边板，琴腿与立柱相呼应。立柱与琴腿都采用贝赛尔曲线，形状自然美观。

## ◎ 便携式扬琴

奖项：最佳声学三等奖
作者：宋营彬
单位：乐海乐器有限公司

该乐器缩小了琴码距及琴体外观尺寸，减轻了琴体重量，便于携带。音位设计与402型扬琴音位排列一致且增加低音区三个变化半音，在中音琴码上端又增加一个音位，使演奏半音阶时双手可以不必交叉。音质较402型扬琴更为清脆美妙、圆润悦耳。琴面双侧盖板与山口及滚轴板采用曲线蝶式外观，使琴体外观更为靓丽。采用可拆卸板式琴架，琴架托举部位外观设计如同莺的头部，造型新颖独特。

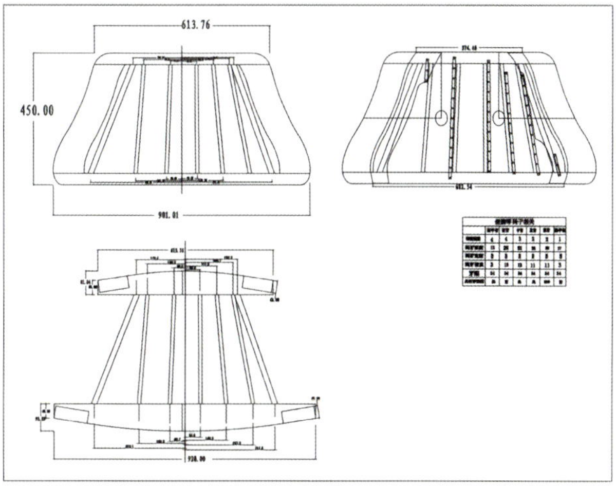

便携式扬琴框架设计图纸

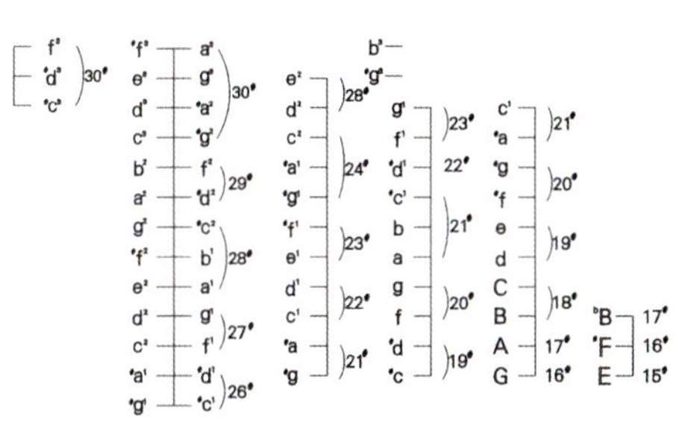

便携式扬琴音位设计图纸

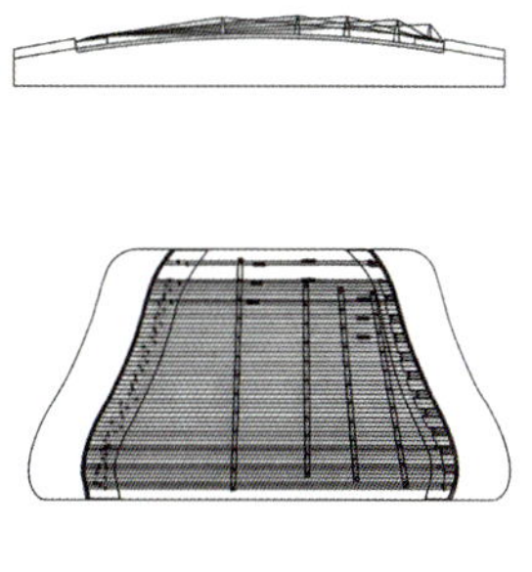

便携式扬琴最终设计图纸

## ◎ 双弧、双箱古琴

奖项：最佳声学三等奖
作者：田步高
单位：扬州民族乐器研制厂有限公司

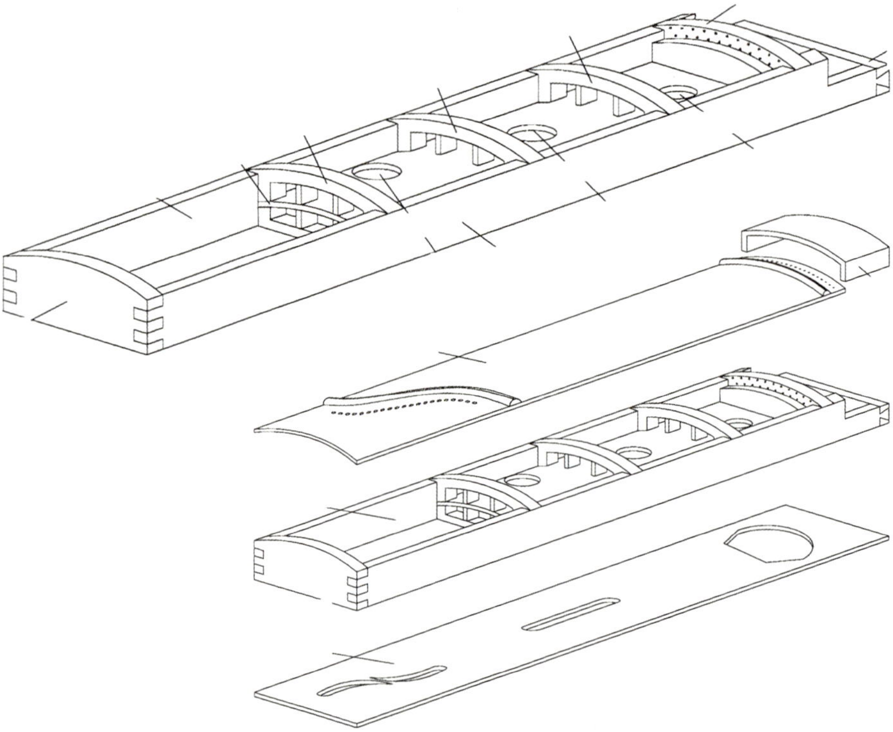

该设计是一款双层共鸣箱古琴，利用上下两个共鸣箱复合共鸣，使古琴音量增大，发音更加松透圆润。具体操作是在已斫制的古琴箱体内嵌入一块厚 5 mm 的桐木面板。在该面板与底板龙池凤沼相交错 5 cm 的部位开两个音孔，第一音孔直径为 6.8 cm，第二音孔直径为 8.5 cm，制作完成后，在龙池凤沼处看不见此音孔。再为天地柱穿过音板开相应的两个圆孔。将音板四周与琴面粘牢，不留缝隙，以免成琴后弹奏出沙音。双箱琴坯完工后由漆工按传统古琴髹漆工艺上漆，完工后装弦调试，验收入库。

## ◎ 电木两用低音古琴

奖项：最佳声学三等奖
作者：田步高
单位：扬州民族乐器研制厂有限公司

该设计是一款电木两用低音古琴，琴体长 138 cm，头部为 27 cm，尾部为 21 cm，厚 5.5 cm，有效弦长为 122 cm，共鸣箱空气容量加大，与研制直径较大的琴弦相配套，因琴弦较粗，在雁足上难以缠绕，因此在雁足部位特制两只微调上弦器，可承载巨大的张力，亦可用把手调弦。为使舞台演奏效果更佳，在制作时将琴头底部挖出空间，嵌入并固定一只电子拾音器，从琴头底部可进行调控，琴头外侧装有一个话筒插孔。低音琴制成后各弦音高比普通古琴低一个八度，演奏人员均可按谱演奏低音声部。

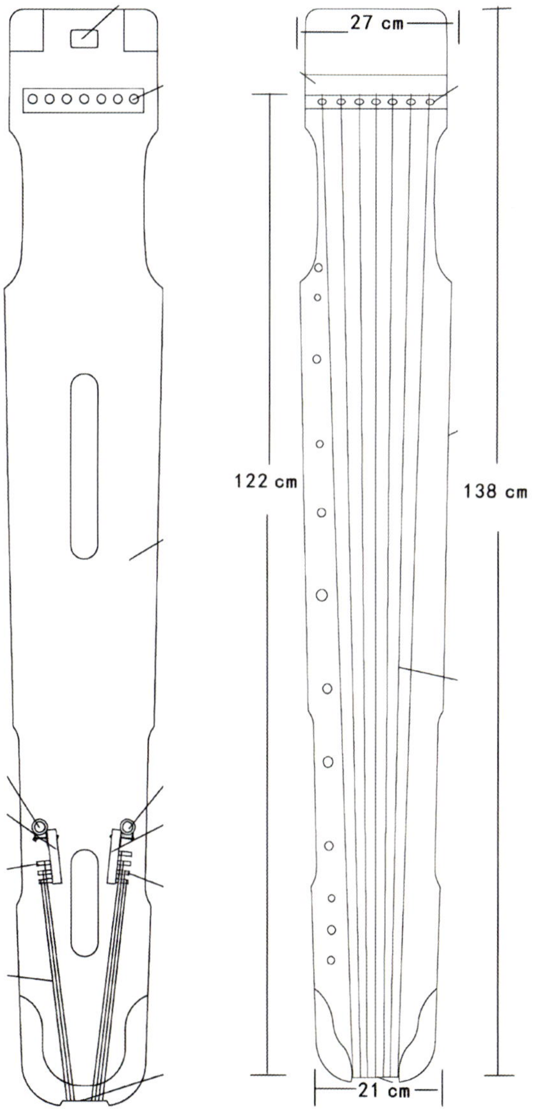

# ◎ 高音琵琶

奖项：最佳声学三等奖
作者：宋营彬
单位：乐海乐器有限公司

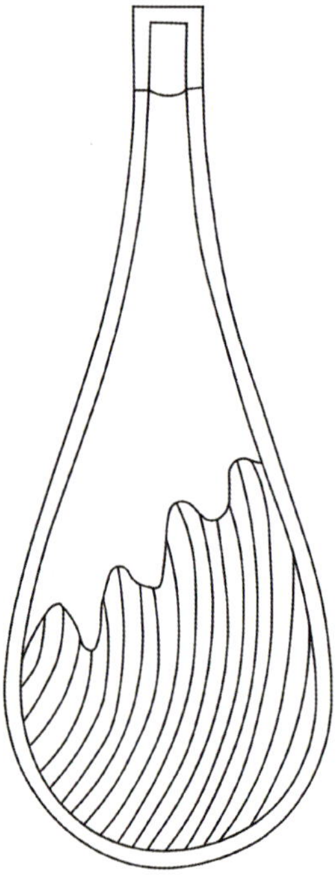

里膛结构设计

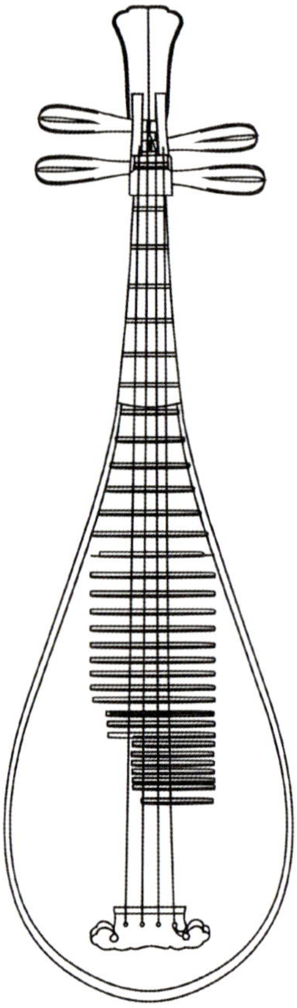

高音琵琶整体

该产品打破传统琵琶的24品结构，增加至25品和26品，扩大了音域，音位分别为G和A，定音为d-a-g-d，满足专业演奏全音节的需求；该高音琵琶，采用阶梯圆弧式的音槽，以增加琵琶的音高，保证琵琶音色的清脆明亮，增加内膛的反射；采用圆柱形的音柱粘接在背板上以支撑音梁，增加整体的振动效果。

## ◎ 宋锦筑

奖项：最佳外观二等奖
作者：彭丽颖
单位：北京轻工技师学院（北京乐器研究所）

该乐器在复原及改良方面，保持了古籍的原貌，仅对琴弦及零部件进行改良。增加琴钉栓弦装置，方便调音；琴弦由手工蚕丝弦改为仿手工机器缠绕钢丝弦，结合古代缠弦法进行特殊的加工制作。琴锤保留木质材料，对触弦点进行改良，使乐器更易上手演奏，音色更为铿锵有力。琴体的扩音部与琴体密闭连接，扩音部沿琴体向下延伸，与琴体的中空腔体连通，不可拆卸。琴体的扩音部与顶板对接的位置采用一体而成的制作方法，其两端下斜，不仅具有扩大音响的作用，还可以在席地而坐演奏时起到支撑作用。

# ◎ 27弦可压颤双排弦小箜篌

奖项：最佳外观三等奖
作者：朱喆
单位：山西箜篌文化发展有限公司

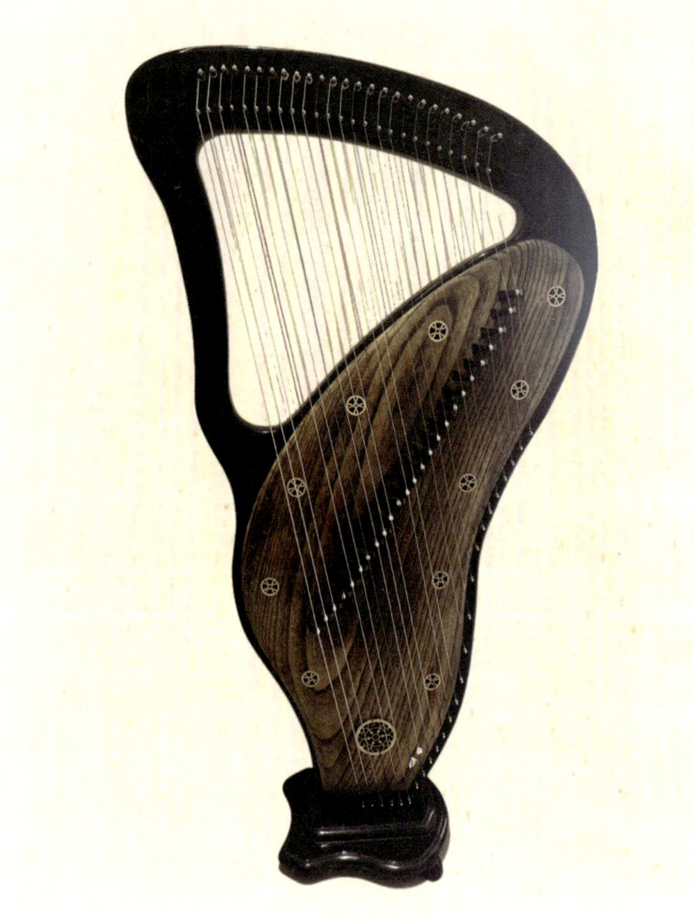

设计者鉴于目前市场上出现的小型现代箜篌在音色、音量、触感及便携程度上的诸多问题，设计研发了这款27弦双共鸣箱可按滑的小型箜篌。它造型优美、共鸣箱体大，稳定性好，面板不变形，音量大，声音共振效果好，按滑顺畅丝滑。方便教学与演出，成人孩子都可使用。

## ◎ 品、码兼备 20 弦改良低音箏

奖项：最佳外观三等奖
作者：刘煜辰、朱浩、陈思伊
单位：福州市台江区舜月乐器商行

箏，一种与筝同类的乐器，《元 · 礼乐志》谓其制如筝而七弦有柱，用竹轧之。20 弦改革低音箏有品，有码，可以拉弦；有开放式音窗，两侧有外拓式音腔。

## ◎ KA6 宝石钢琴设计

奖项：最佳外观三等奖
作者：潘启槟
单位：广州珠江恺撒堡钢琴有限公司

该设计通过宝石拼花的设计，结合中国传统文化“花好月圆”“鸟语花香”的美好寓意，并将之运用到钢琴图案上，使视觉艺术和音乐艺术完美结合。作为核心部件之一的弦槌是影响钢琴声音品质的重要因素，该宝石钢琴使用历经1 458次试验后终于研发成功的PR2.0弦槌，该弦槌的成功研发打破了西方国家对这项核心技术的垄断，并创造出自然纯净的新音质。创新的斜背架设计，使击弦机弦槌的击弦角度更接近于90°，进一步降低击弦过程中的能量损耗，使弦槌的复位更迅速，弹奏的触感更敏捷。该乐器具有自然纯净的音质、灵敏舒适的手感，又配上经过雕刻、切割、镶嵌和油漆抛光后打造出的宝石拼花图案，带来了听觉、触觉、视觉的多重享受。

## ◎ 低音筝

奖项：优秀作品奖
作者：李素芳
单位：上海民族乐器一厂有限公司

这款低音筝在外观结构上与普通古筝基本类似，背面有两个出音孔，13 根琴弦为特制镍丝材质，由于特粗的琴弦张力过大，容易使琴体变形，因此该产品改变了琴弦的穿弦方式，一侧琴弦不从弦孔处穿出而是直接绕琴体而出。减少琴弦张力对琴体的影响，使之能够充分震动产生共鸣。琴弦增粗是为了使震动的频率减小，以满足低音筝的音域要求，且音色质感更好。琴体厚度增加，使共鸣空间增大，以达到较好的共鸣效果。

## ◎ 3D打印琵琶——水佩风裳（悠游自如）

奖项：优秀作品奖
作者：王传赡
单位：上海民族乐器一厂有限公司

水佩风裳琵琶模仿了木的材质，采用3D打印材料，展现了无穷创意，让想象力得到了完全释放。另一款悠游自如琵琶运用可爱的小动物元素，编织出一个四方连续的图案。同时由于打印材料的耐久特性，无论是在潮湿的南方抑或是干燥的北方，都不会有开裂、变形等情况的发生，保证了音色的稳定性，从而延长了乐器的使用寿命。

## ◎ 板琴

奖项：优秀作品奖
作者：周嘉懿、张昕桐
单位：南京艺术学院

板琴

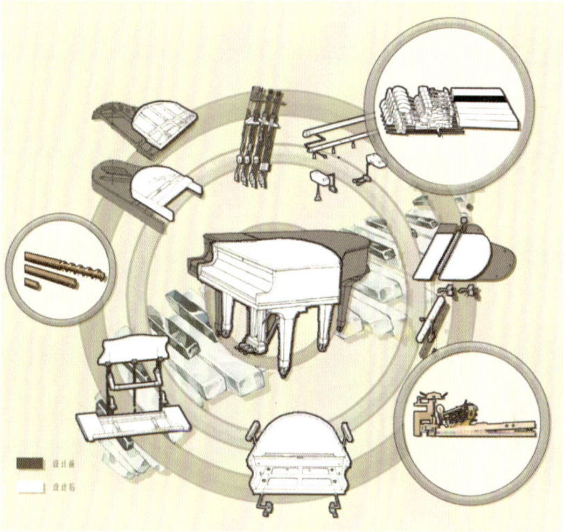

该设计意在制造一款能轻松演奏中国风格乐曲的乐器，填补中国传统乐器中键盘类乐器的空缺。该设计为五声音阶定音的键盘乐器，按键使槌敲击琴弦发声，徵音与其他键采用不同颜色，以区分不同音高，踏板可用来调整音高，达到简单的变音和转调效果。

# ◎ 古筝秒转调

奖项：优秀作品奖
作者：张国民
单位：山西玺悦民族乐器厂

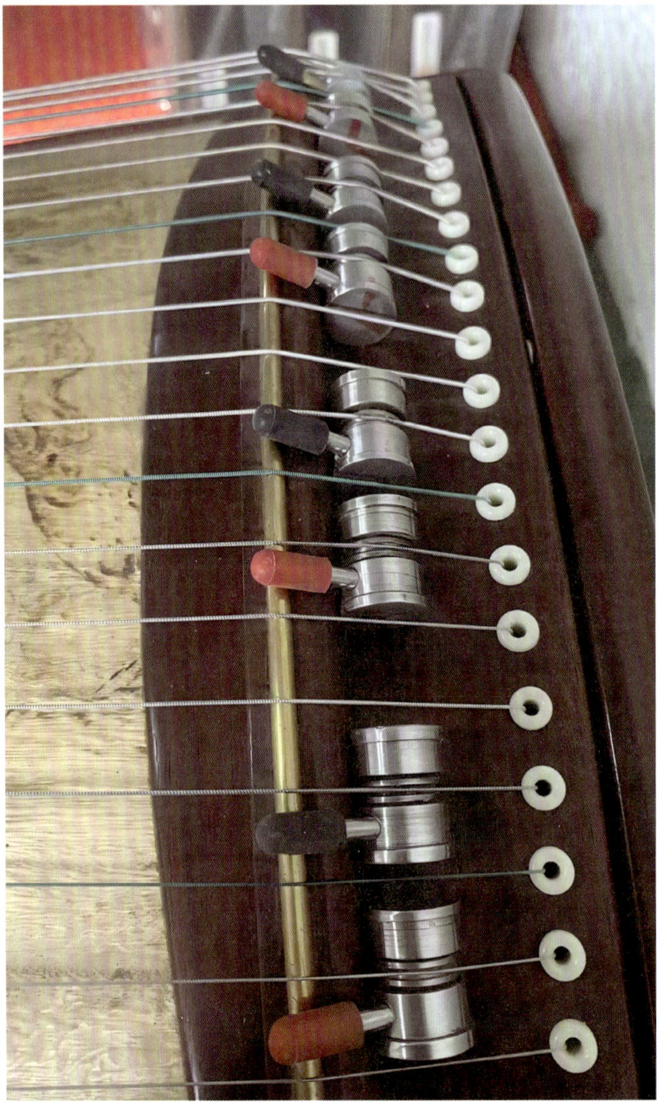

该乐器的共鸣箱部分与常规的1630古筝的共鸣箱长度基本相同，所以共鸣效果也相同。其改进的地方在于把工具盒部分和后花板部分去掉，使得总长度缩短了35 cm。这是一款演奏级的古筝，它配有快速转调装置，是外出表演的最佳用琴。无论是双肩背坐公交地铁，还是车载都很方便。而且音板上做了烙画工艺，替代了传统琴尾花板的装饰，把非物质文化遗产的烙画工艺运用在古筝上，对乐器来说更是锦上添花。

## ◎ 星箜

奖项：优秀作品奖
作者： 张美美
单位：成都理工大学工程技术学院

这件乐器在外形上加入了一些赛博元素，如流线型的曲线和科技感十足的细节装饰，使其更具未来感。箜篌选用高级合金材料和绿色透明亚光塑料，以增加其质感和现代感，合金材料能够提供可靠的结构支撑。箜篌的表面嵌入 LED 灯，通过内置的电路系统，能够切换不同的灯光颜色和模式，产生流动光线以增强视觉效果和舞台表演的魅力。内置电子音效模块，通过触摸屏或按钮，可以调节音色、音量和特效等，使演奏者能够根据需要演奏出各种不同的音效，增加音乐的表现力。

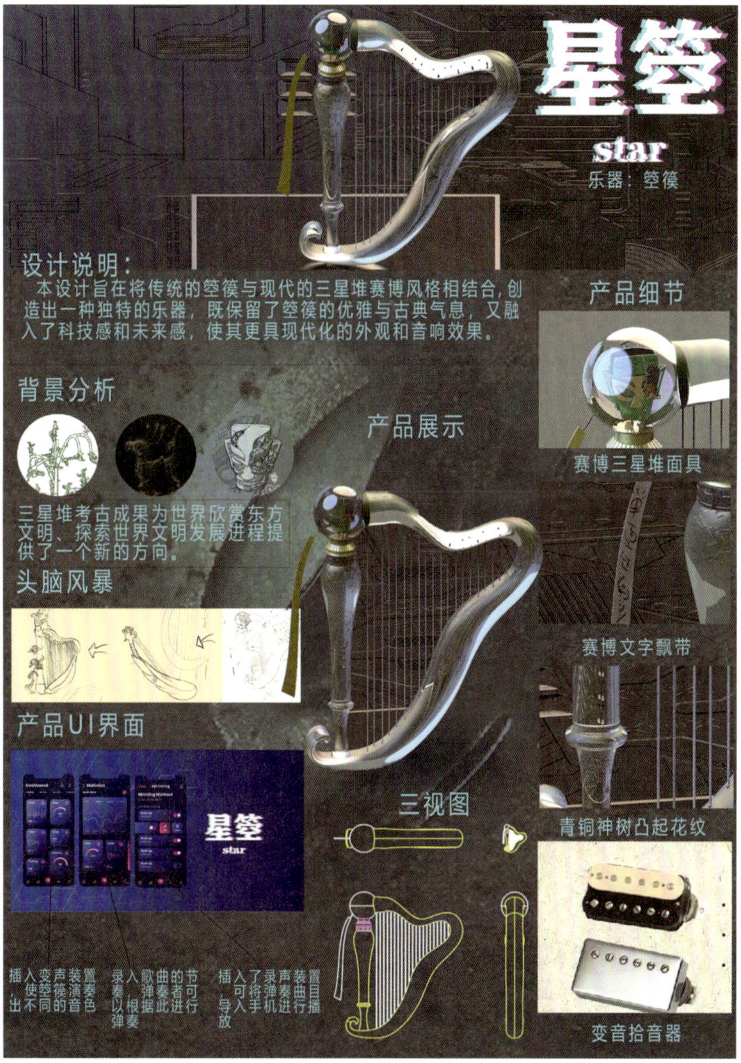

## ◎ 玲珑唐韵　古朴之美

奖项：优秀作品奖
作者：路易
单位：南京艺术学院

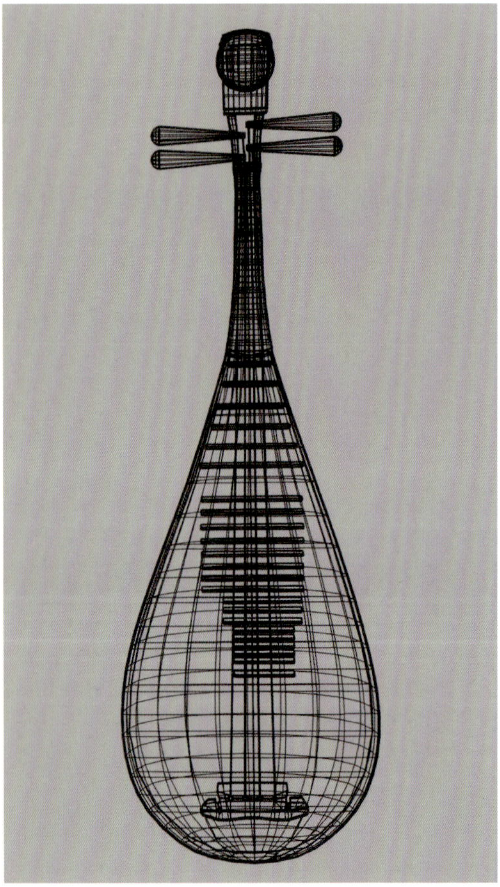

该设计将琵琶与唐乐装饰、螺钿和掐丝工艺相结合，将传统元素与现代设计理念相结合，创造出独特的乐器外观。不仅保留了传统文化的瑰丽和魅力，还赋予乐器现代时尚感。在设计过程中，注重乐器的艺术性和装饰效果，同时保持乐器的演奏性能和音质表现力。既让乐器成为视觉上的艺术品，又确保演奏者能够舒适地演奏和表达音乐。

## ◎ 延边奚琴

奖项：优秀作品奖
作者：赵基德
单位：中国吉林省延吉市民族乐器研究所

延边奚琴与目前韩国及朝鲜的奚琴有明显的区别，其特点主要体现在形制、音效和演奏方法等几个方面。该设计对筒壁厚度和琴筒大小进行了量化，底部和后侧增加了手工打制的琴板盖叶，有效改善了乐器的共鸣和音效；琴弦选用优质现代钢丝弦，进一步丰富音色和改善音质；演奏指法方面，可创新采用指尖压弦法配合演奏，不仅可以演奏传统宫廷音乐，也可以演奏多种风格的现代音乐作品。另外，延边奚琴在选材、原材料控制、细节技术及工艺水平等方面也都有较大的提高和优化。

## ◎ KG160 碳纤维音板三角钢琴

奖项：优秀作品奖
作者：王风海
单位：烟台金斯波格钢琴有限责任公司

这架钢琴采用以碳纤维材料加工制成的碳纤维音板，内层为纵横交错的浸渍无纺布，使用环氧树脂胶，经高温高压加工而成。碳纤维音板的力学性能具有各向同性的特点，振动波在音板内各个方向的传播速度是一样的，极大地提高了音板的共振性，而且不受外界环境温度、湿度变化的影响，获得了较好的音板共鸣效果，保持了钢琴音色音质的稳定性。碳纤维音板的高强度、高硬度，滤掉了中高音部分的杂音，赋予了中高音很强的穿透力，发音清脆悦耳。

## ◎ 黑陶音筒二胡

奖项：优秀作品奖
作者：赵连成

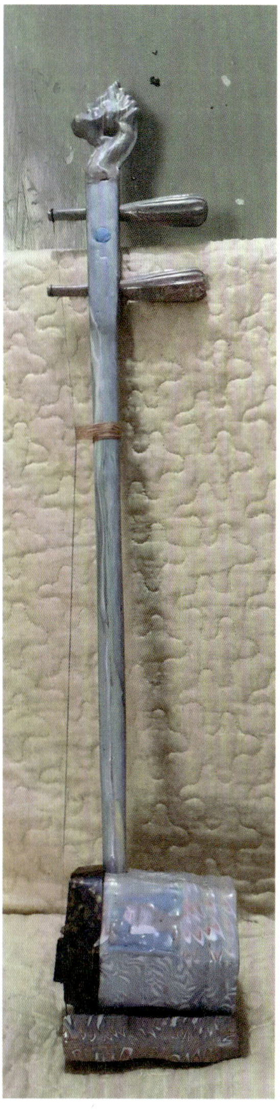

该系列二胡以焦作沁阳黑陶为附加材料或主要材料。黑陶音筒二胡外表华丽，音色亮丽。用独创的调音法改善了其音色过亮、过硬的不足，使其音乐清秀、柔软、优美。该系列乐器的生产，将作为焦作文旅纪念品和文化名片，更好地为太极赛会、云台山音乐节提供服务。

## ◎ 小葫芦琴、大葫芦琴

奖项：优秀作品奖
作者：林建峰
单位：泰兴琴艺乐器有限公司

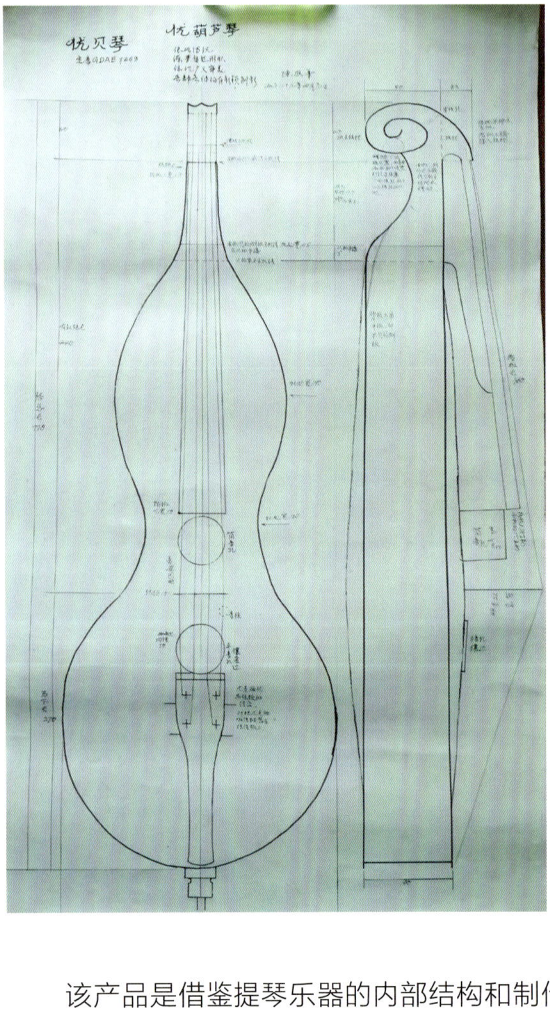

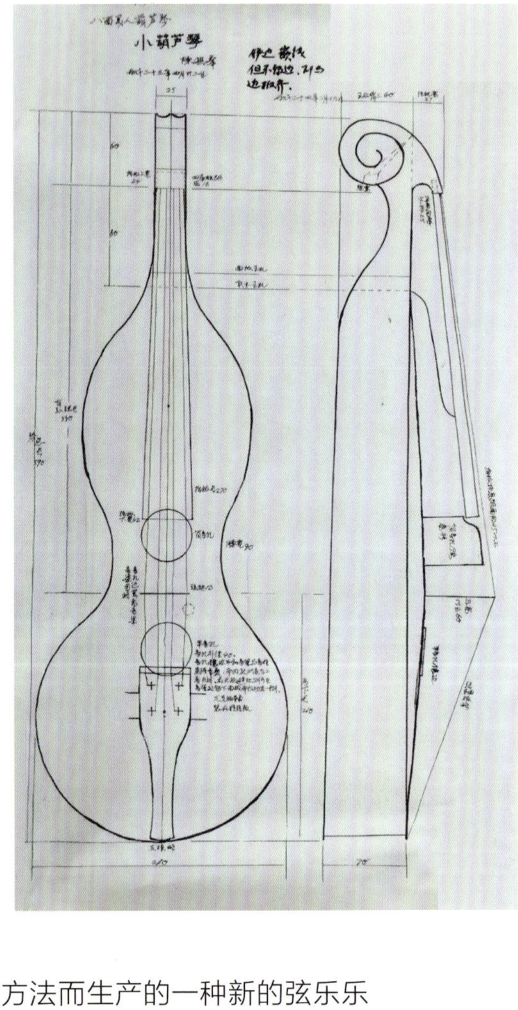


该产品是借鉴提琴乐器的内部结构和制作方法而生产的一种新的弦乐乐器。将传统弹拨乐器葫芦琴改变为拉弦乐器。其外形完全体现自然葫芦的形状。琴体长度、上圆横径、下圆横径均符合黄金比例。构造简单，减去角木并使工序简化，减去琴轴弦槽而与拉弦板合二为一。琴体稳定、调弦结构简单、琴体形状位置感明确等特点，使乐器演奏更加方便。

## ◎ 华式小提琴和大提琴

奖项：优秀作品奖

作者：林建峰

单位：泰兴琴艺乐器有限公司

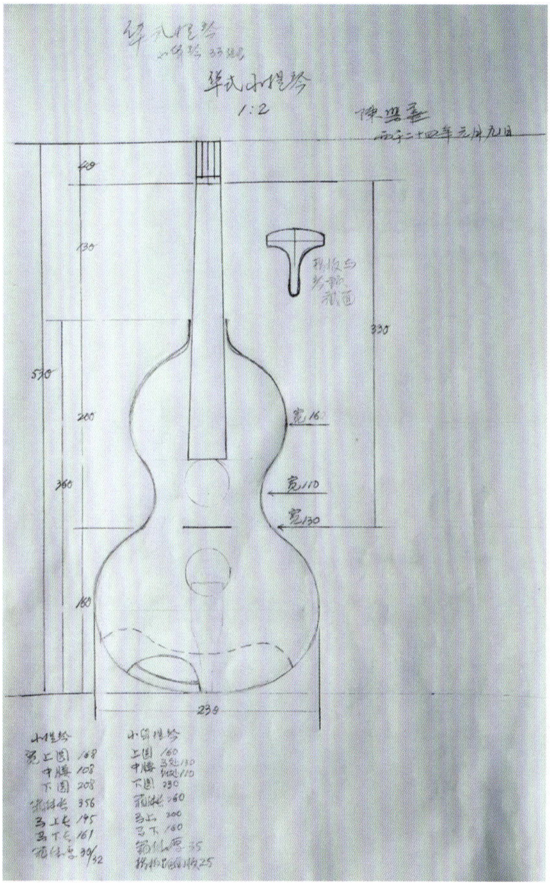


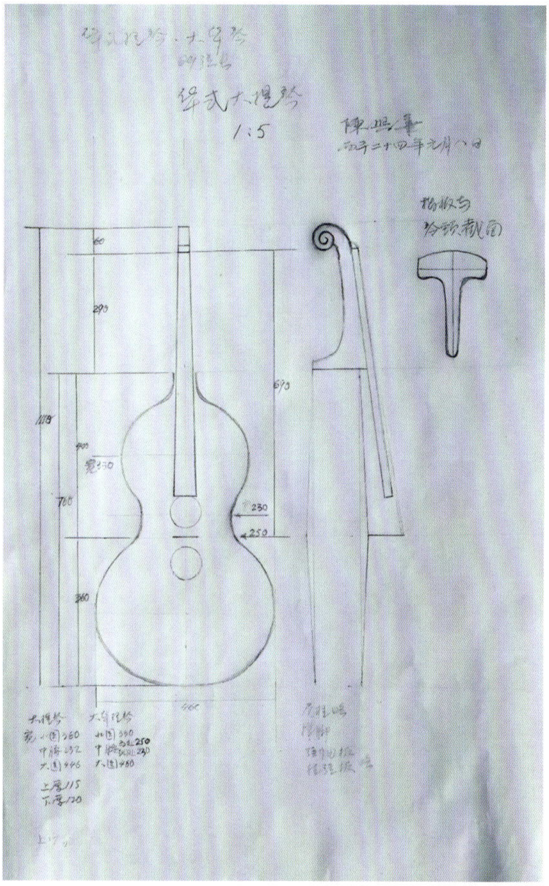


华式提琴的创新设计在于对琴形与音孔做出了一些民族化的调整。它将位于前端的琴轴与弦槽后移，与拉弦板合二为一，从而减少前端重量，使调弦更方便。琴颈横截面为T形，以增加抗弯强度。自然物之中唯葫芦与弦乐器演奏结构吻合。华式提琴减去角木，以加长葫芦口，缩短葫芦腰，使箱体外形完全与葫芦相同，优于小提琴的内葫芦形状。将两个 F 孔改为圆孔，且上孔附加竹筒，使其发音接近中国弦乐器的筒状音色。

# ◎ 台宝琴

奖项：优秀作品奖
作者：陈正启、王航
单位：枣阳市龙吟乐器有限公司

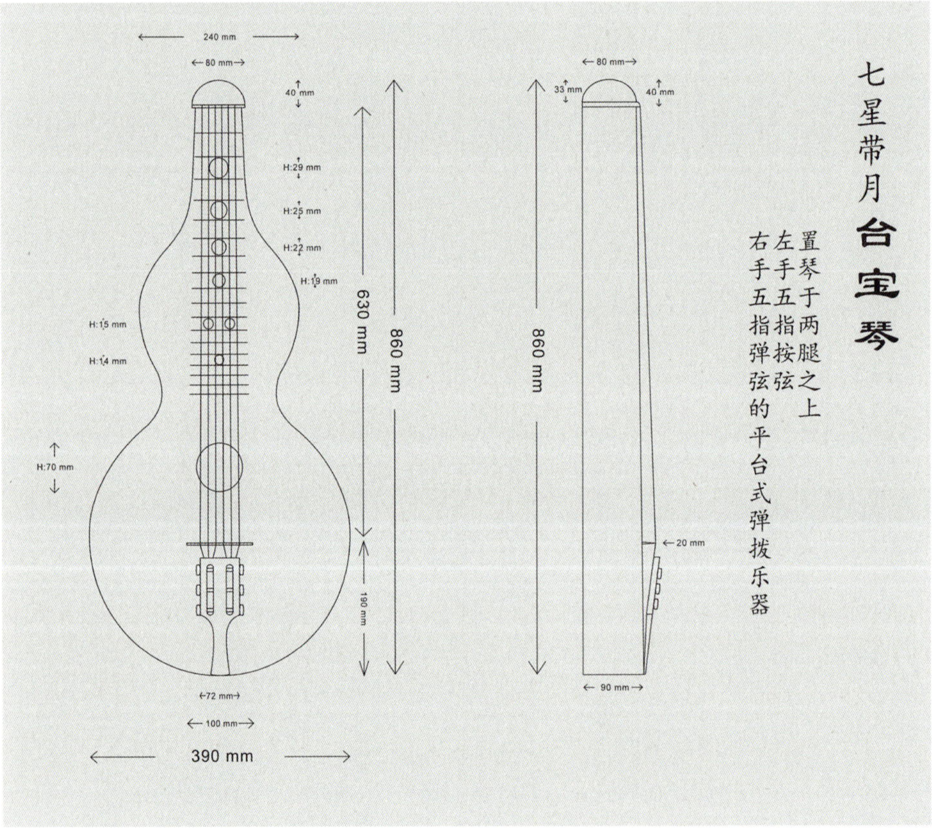


台宝琴用弦八根，定音为B-E-A-D-G-C-F-♭B，这种纯四度关系的定弦，使每个调的演奏指法均相同。演奏时将平台琴体置于两腿之上，左手五个手指按弦，右手五个手指弹弦，是一种从乐器形制到演奏方式全面创新的乐器。台宝琴采用竹品，按指于品即产生弦码效应，形成与右码共同振动于同一腔体的复合声音。

## ◎ 和琴

奖项：优秀作品奖
作者：陈正启、崔刚、崔文明
单位：枣阳市龙吟乐器有限公司

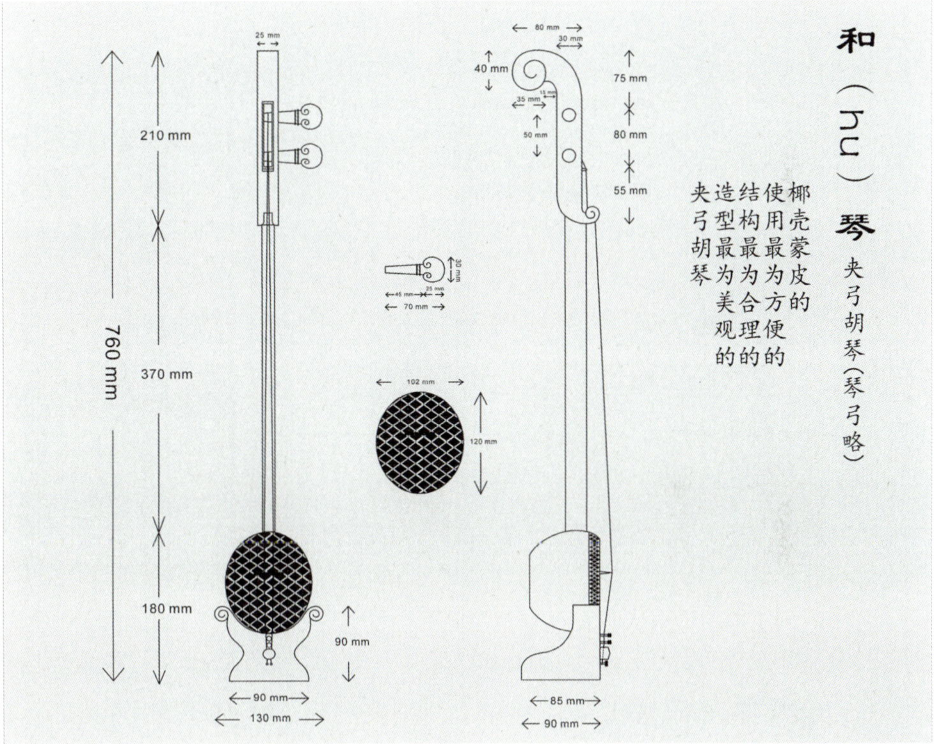


和（hu）琴，采用椰壳作为音箱体，是前口蒙皮振动发声的新品种夹弓弦乐器。和琴的优势在于大幅度地减少了千斤以上的无效部分，长度较之二胡减少 10 cm 左右。摒弃了单端受力的调弦结构，使势体结构更加稳定。摒弃了线扎千斤，使结构稳定，形象美观。健全了微调结构，使调音方便、精确。加高了底托，使运弓之平得以实现。持琴位置由单腿之上改变为两腿之中，演奏姿势平衡协调，更为优美。其形象设计突出地体现了传统乐器风格，整琴直立，有亭亭玉立之感。采用螺钿装饰，各部件对称协调、形状呼应。

# ◎ 一种二泉二胡

奖项：优秀作品奖
作者：陈莉芳
单位：乐海乐器有限公司

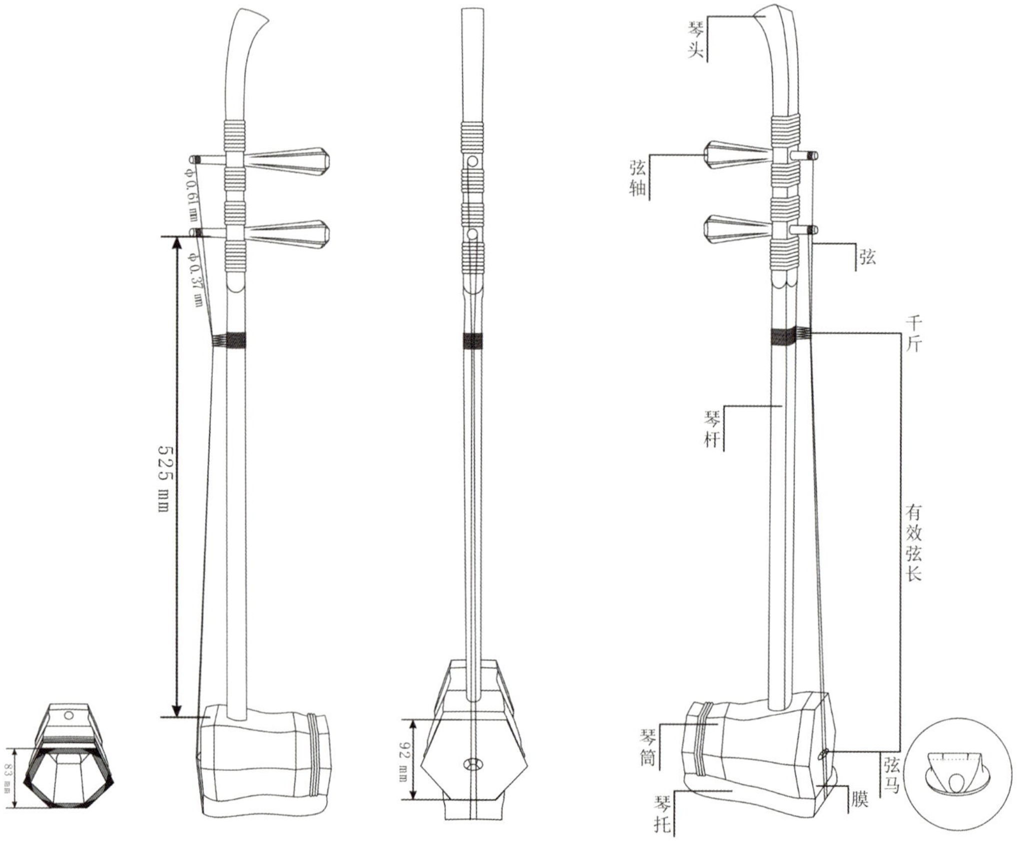


随着专业演奏要求的提高，一把专业的二泉二胡已然成为二胡爱好者的必备乐器。一种二泉二胡，包括琴筒、琴杆和琴弦，所述琴筒的后口直径为83 mm，琴筒的前口直径为92 mm，琴杆的底端与琴筒连接，并在琴杆的顶部设置有琴头，琴头上安装有两组弦轴，下方弦轴中心与琴筒上沿的垂直距离为525 mm，琴弦包括里弦和外弦，里弦的直径为0.61 mm，外弦的直径为0.37 mm。

## ◎ 凤尾式韵和板胡

奖项：优秀作品奖
作者：刘佳佳
单位：乐海乐器有限公司

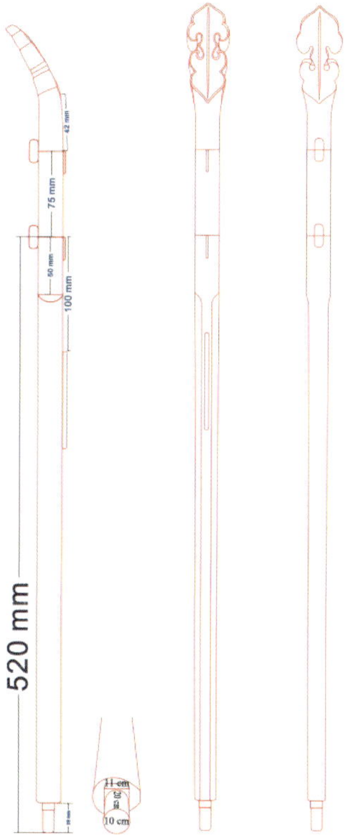

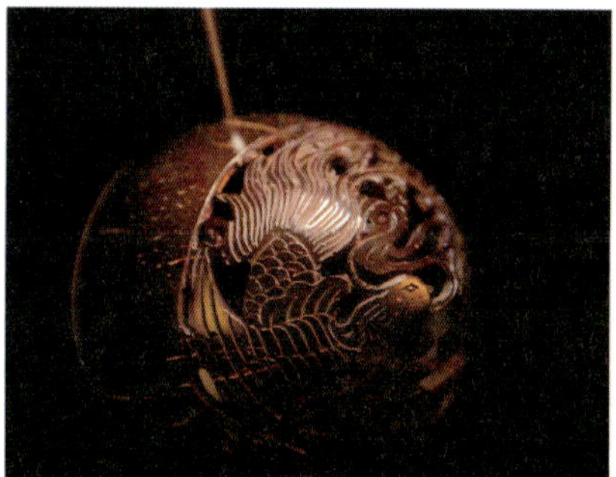

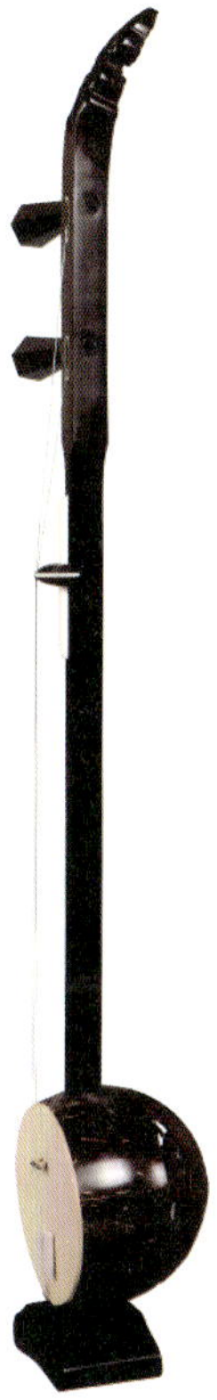

音乐即为韵律，世界音乐以和为美。海之尊系列韵和板胡的琴杆装饰样式分别是凤尾式、龙首式、直项式。韵和板胡凤尾式琴杆，配镂空雕刻凤图案椰壳、六瓣琴轴，传统隽秀与现代柔美的图案风格充分融合。韵和板胡龙首式琴杆，配镂空雕刻龙图案椰壳、麻花琴轴，体现了对传统审美、文化内涵的传承与发扬。韵和板胡直项式琴杆，配镂空雕刻鱼图案椰壳、六瓣琴轴配黄杨轴顶，琴首图案以浅浮雕线条呈现，并以黄杨线条镶嵌，使琴的整体线条更柔和，体现了传统工艺与现代审美的完美融合。

# ◎ 一种可调式二胡结构

奖项：优秀作品奖
作者：宋少康
单位：乐海乐器有限公司

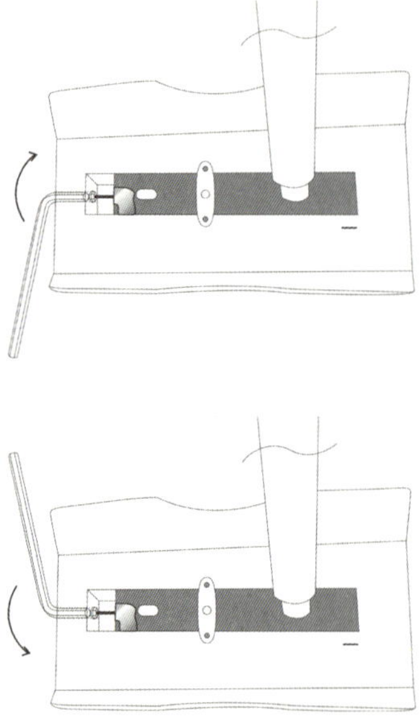

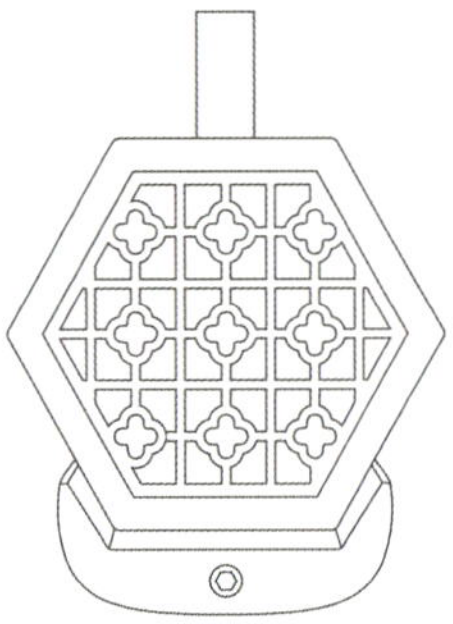

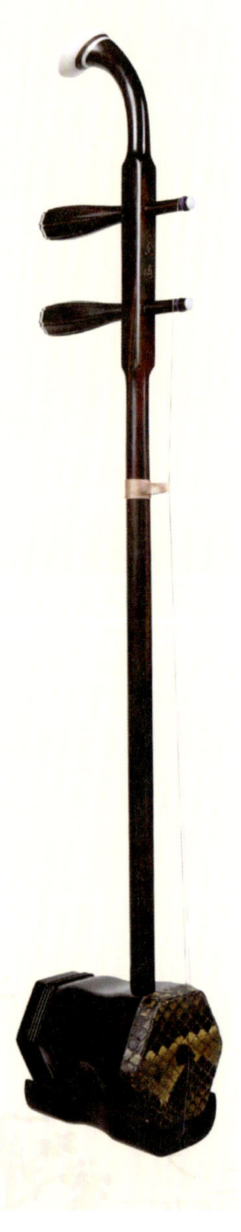

该设计通过逆时针转动调节螺丝，使得支撑座沿条形滑槽向右滑动，同时带动琴杆的底部向右滑动，从而使得琴杆整体向左倾斜，起到增加琴弦张力的作用，使得皮膜的压力增强，用于解决湿度较高时皮膜变松的问题；通过顺时针转动调节螺丝，可使支撑座沿条形滑槽向左滑动，支撑座带动琴杆的底部向左滑动，从而使得琴杆整体向右倾斜，起到减小琴弦张力的作用，减弱皮膜的压力，用于解决天气干燥导致皮膜变紧的问题。该设计通过改变琴弦张力进而达到增强或减弱皮膜的压力，来解决皮膜因温湿度变化而变松、变紧以及音高不准等问题，提高了实用性。

## ◎ 一种便于演奏的板胡

奖项：优秀作品奖
作者：宋少康
单位：乐海乐器有限公司

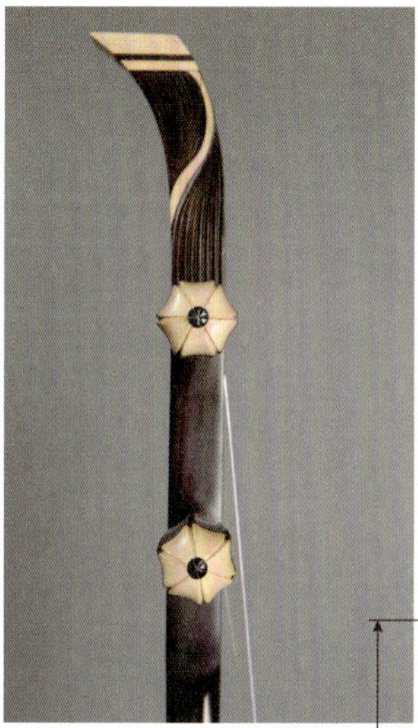

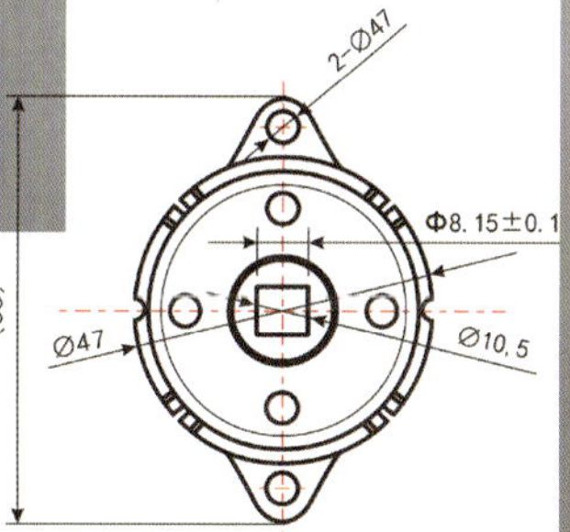


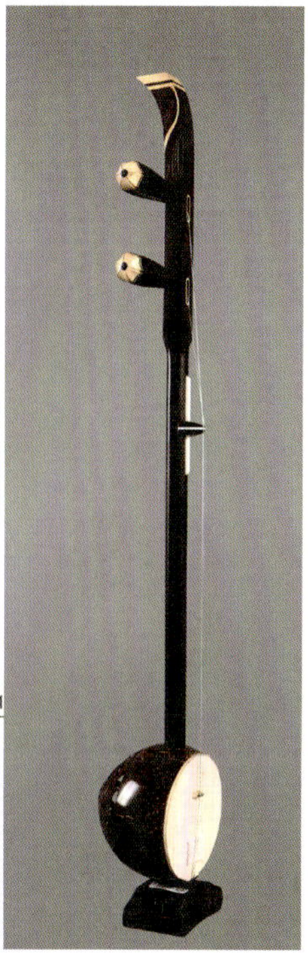

该乐器的微调轴是以弦轴外观不变为前提，在极其有限的空隙内采用同轴减速的原理设计而成的，采用合金钢齿轮，以 24:1 的减速比为微调系数（手柄旋转 24 圈，弦轴旋转 1 圈），调弦力度仅为传统弦轴的 1/20。琴托内嵌专利阻尼式装置，可随意调节琴托的旋转角度而又不失力度，设计扭矩为 2 mm，既保障了在演奏时琴托与身体之间的稳定性，又将外露式的调节固定螺丝取消，增加了板胡的外观美。每款样式的基本定弦音高一般又分为高音 $d^2$、$a^2$，中音 $a^1$、$e^2$，g、$d^1$，将中音琴分为两款不同规格的板胡，通过改变有效弦长、琴瓢大小、琴弦粗细等，使中音琴的音色更好、手感更加顺滑。

# ◎ 海之尊云和古筝

奖项：优秀作品奖
作者：宋少康
单位：乐海乐器有限公司

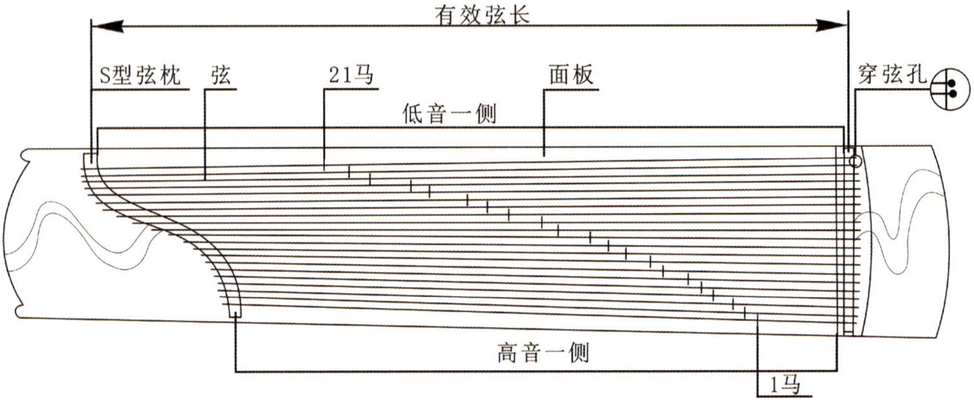

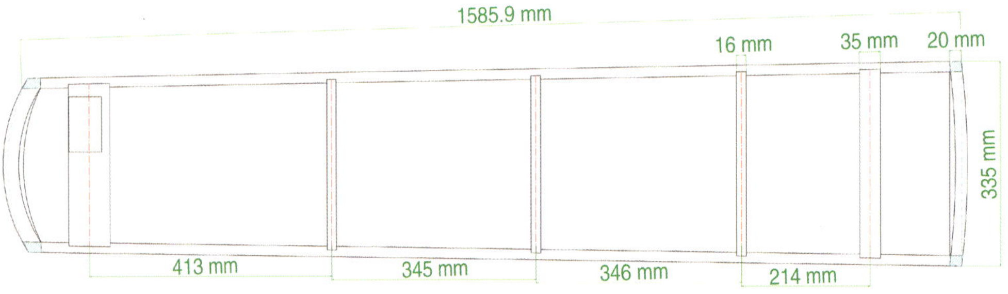


该设计前侧板和后侧板分别位于高音一侧和低音一侧，调整尺寸以后增大了共鸣箱，使音量增加，加强了演奏时的共鸣效果，同时前低后高的结构能够提高演奏时按弦的舒适度。调整尺寸后，优化了演奏时高音区的通透度和穿透力，使高音区声音更集中，同时提高中音区的过渡性，使中音区更加饱满、低音区更加浑厚，最终起到在演奏时高、中、低音过渡均匀的效果。

## ◎ 柳琴（海铭蓝）

奖项：优秀作品奖
作者：张慧
单位：乐海乐器有限公司

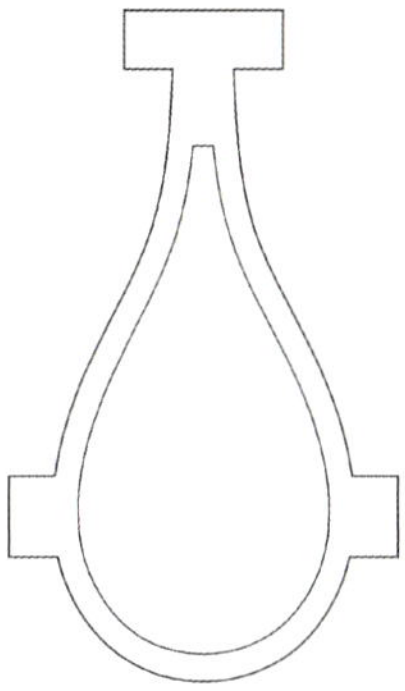

柳琴背板模具设计

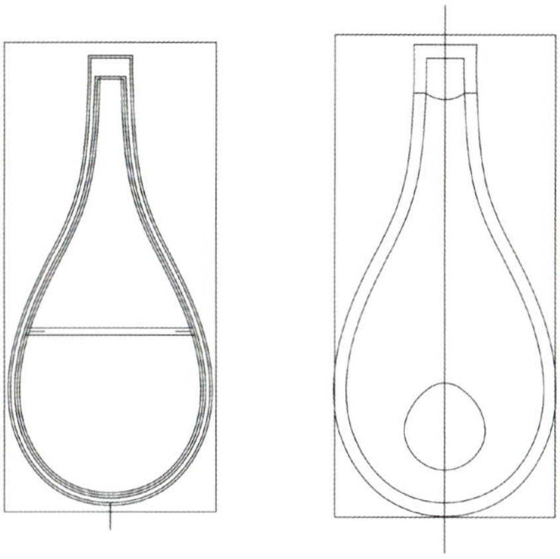

柳琴里腔结构设计

该柳琴设计了凤尾如意琴首，边缘线条纤细流畅，中间微微凸起，错落有致，简约大气。配实木六瓣柳琴轴，弧线优美，与琴首流线相互呼应、浑然一体。实木音窗采用椭圆形的设计，外围镶嵌缠枝纹案，线条交错，彰显柳琴秀气之美，寓意生生不息。背板借鉴人体美学设计，把位过渡均匀，可操控性强。乐器根据演奏家的手感进行把位设计，倒把顺滑，质感柔顺、演奏手感舒适。

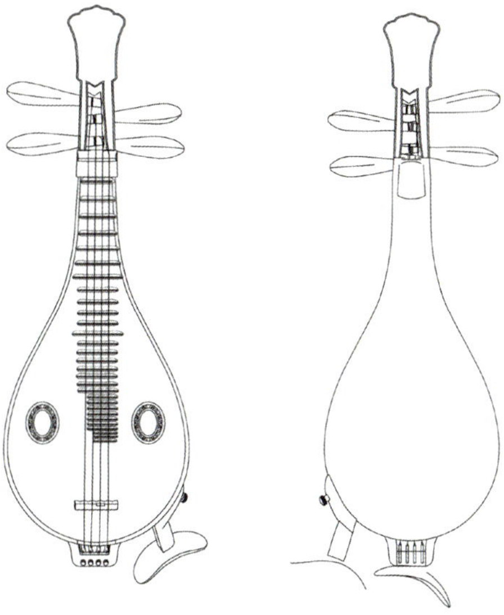

柳琴成品设计

# ◎ 新型25弦彩漆瑟

奖项：优秀作品奖
作者：田步高
单位：扬州民族乐器研制厂有限公司

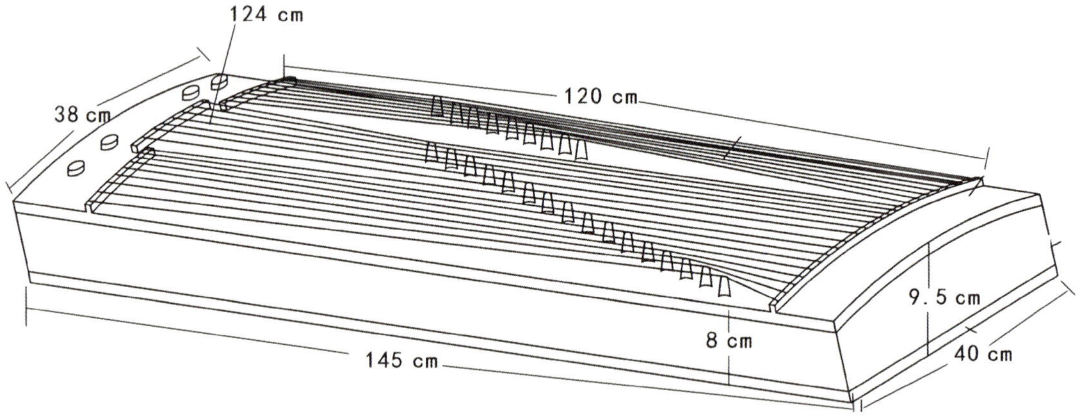


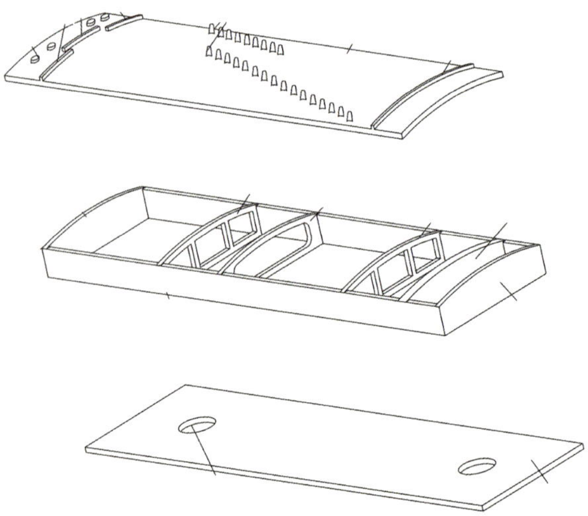

该设计在确保古瑟音域、音色、外观古朴典雅的基础上，尽量缩减古瑟的体积，以便于制作、搬运、演奏和收藏。设计新型二十五弦瑟总长145 cm，首宽40 cm，尾宽38 cm，侧板高度为8 cm，弦盒高度为9.5 cm，面弧直径为4 cm。面板上设置一条前岳山，后岳山设计成三条品字形平行岳山，有效弦长两边120 cm，中间124 cm，除三条后岳山外，古瑟尾部还设置四只蘑菇形栓弦木栓。瑟的底板上设置两个音孔，共鸣箱体内设三道音梁用于支撑面板和传振，第一、三道音梁分别设两根音柱，第二道音梁则不设音柱，目的是增加共鸣效果，确保新型瑟在缩小尺寸后的共鸣效果与大瑟相当。

## ◎ 龙达达——电木两用倍低音轧筝

奖项：优秀作品奖

作者：田步高

单位：扬州民族乐器研制厂有限公司

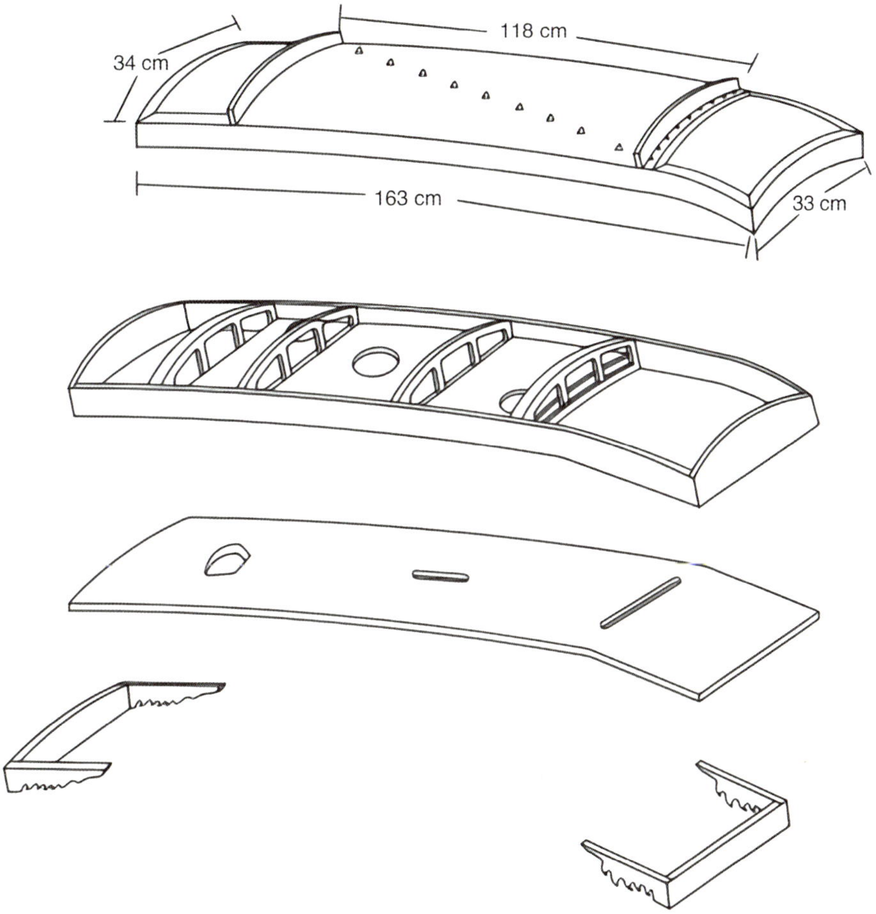


该设计是一款电木两用倍低音轧筝，产品名称为“龙达达”。该产品全长 163 cm，采用最新研制的倍低音钢弦 9 根，花纹桐木整挖制成的共鸣箱，外装饰采用浅雕工艺，倍低音效果很好。为使舞台演出音响效果更佳，可使用电声拾音系统，并配德式大贝司弓，演出时可移码转调。

## ◎ 凤首倍低音立奏轧筝

奖项：优秀作品奖
作者：田步高
单位：扬州民族乐器研制厂有限公司

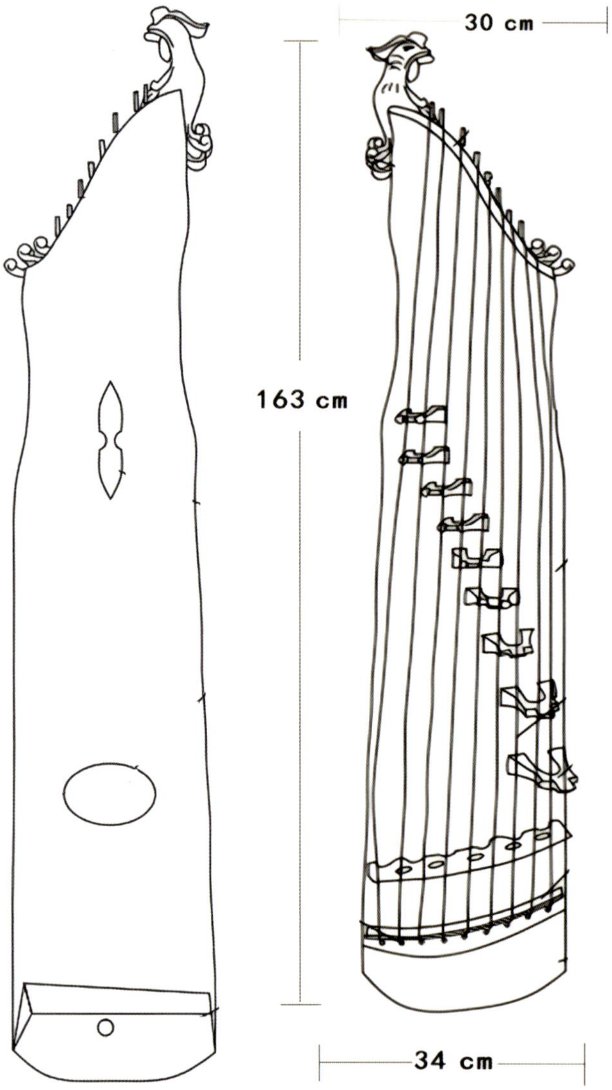


该设计将中音轧筝共鸣箱加长、放宽，总长为 163 cm，首宽 34 cm，尾宽 30 cm，三处侧板分别高：6 cm、9 cm、8 cm。立奏时筝首往下，筝尾朝上，筝尾精雕回头凤和凤尾。筝首弦盒中部装有一只大贝司的撑脚，前岳山设计为斜岳山，斜度根据各弦最佳激发点而定，目的是使各弦最佳激发点在同一水平线上。斜岳山上 10 cm 处设计一只斜形大码，目的是增加共鸣和提高触弦点，避免演奏员弯腰拉弓。为增大共鸣箱体积，底板采用弧形底。弧度增加到 1.5 cm，为了方便包装运输，凤首、凤尾采用圆榫插入，拆卸方便。配备 9 根特制钢弦和德式大贝司弓。此凤首轧筝发音低沉松透，音响效果较好，比普通古筝的最低音低两个八度。

## ◎ 贝拉琴

奖项：优秀作品奖
作者：李晓晨、陈兴华
单位：江苏凤灵乐器有限公司

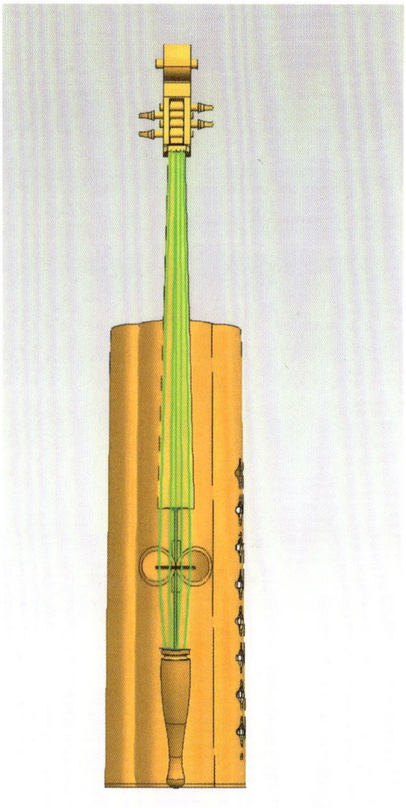

贝拉琴既借鉴西方提琴的制作工艺，又兼顾中国民族乐器特色，采用了直立音板双箱体，这是一种有别于提琴现有的平置音板单箱体、具有真正创新意义的音箱体结构方式。贝拉琴是一种有别于提琴乐器的，具有系列化声部、弓在弦外可以拉四条弦的新弦乐器。其中，优贝琴的定音较小贝琴（同小提琴）低八度，其两个中弦（二、三弦）较二胡低八度，这种定弦方法也具有创新意义，使其与二胡的配合非常和谐。

# ◎ 轧筝——燕京八绝古乐器

奖项：优秀作品奖
作者：毕博、彭丽颖、白埔昕、李国栋、丁象峰、王玮
单位：北京星海钢琴集团有限公司、北京轻工技师学院

该设计采用现代金属缠弦、添置大岳山以增加琴弦张力，为适应钢弦材质改竹制琴弓为其他木制。本次复原改良的轧筝分为七弦大轧筝和九弦小轧筝。音域上，七弦大轧筝主要为倍低音区音域，通过测试可达到古典贝斯的音域；九弦小轧筝主要为低音区音域，经过测试可达到大提琴的音域。琴弦采用特质钢弦，按照古代缠弦原理进行特殊加工。定弦采用五声音阶，可以定首调，也可以定固定调，不仅增加了演奏的灵活性，还扩大了应用功能。

## ◎ 拇指筝

奖项：优秀作品奖
作者：潘朝
单位：广东省惠州市琢模艺术品有限公司

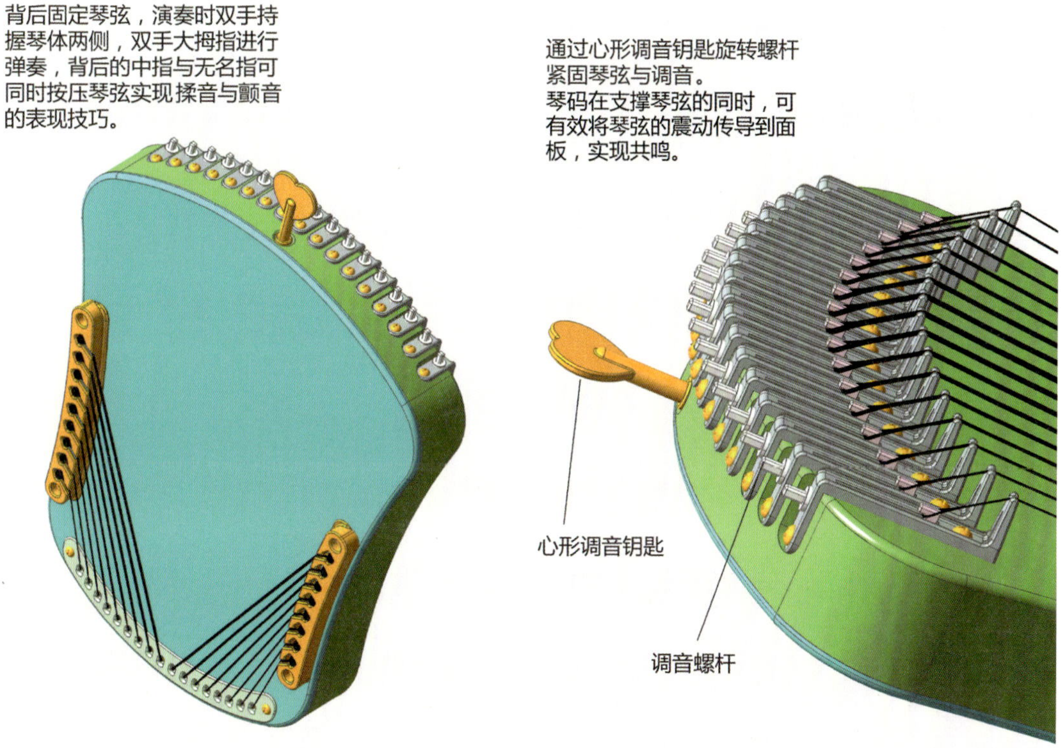


该设计的音阶排列与拨弦方式参照拇指琴，音色与变音方式类似古筝，采用常规木材与成熟的生产工艺，可低成本工业化量产，有效控制音阶与音质的稳定性，具有入门简单、表现力丰富、体积小巧、便于携带等诸多特点。该拇指筝的设计充分考虑人体工程学，适合双手持握，演奏时不受场地所限，居家、办公、野外、舞台等场景均可弹奏。

## ◎ 古箜篌

奖项：优秀作品奖
作者：薛磊
单位：扬州一鸣乐器有限公司

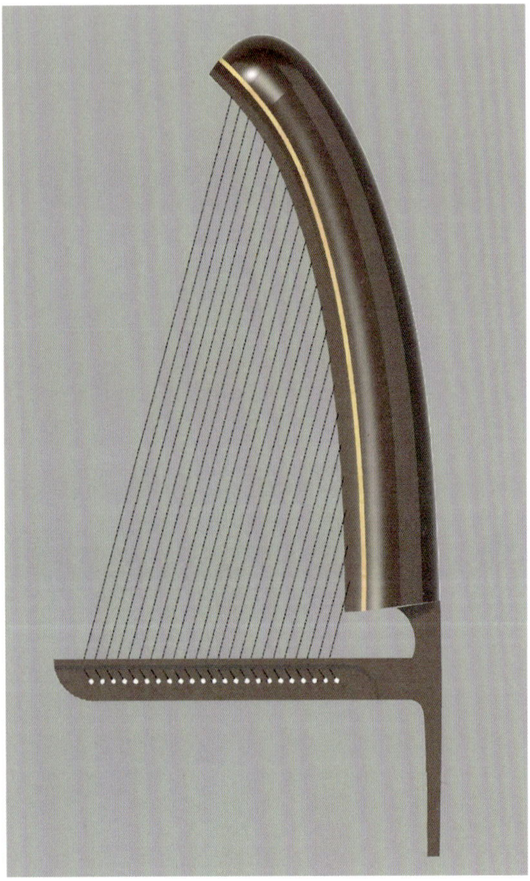

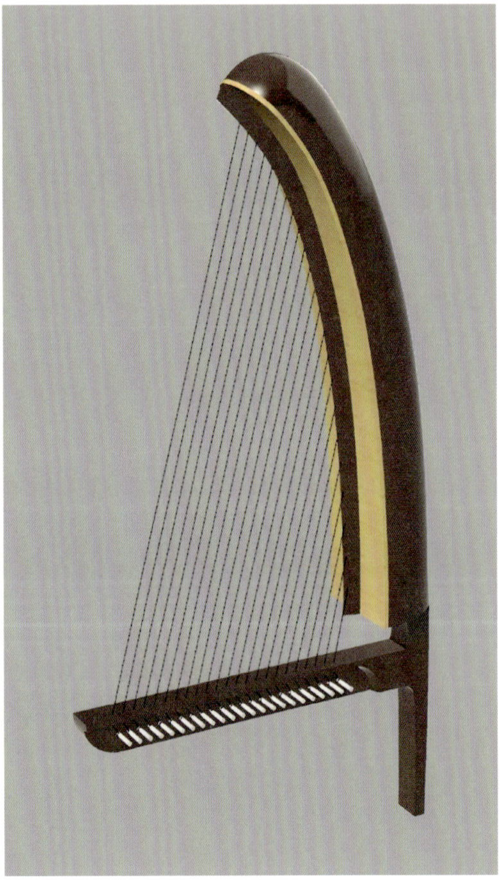

该设计仿照正仓院所藏唐代箜篌，在内部结构上，进行了创新改良，增强了腔体的共鸣效果，从而提升了箜篌的音量；在整体结构上，为了适应现代钢丝尼龙弦的张力，运用了有限元分析技术，在应力集中的部位进行了加固，这样不仅增强了乐器性能，也保障了音高的准确性并延长了乐器的使用寿命。

## ◎ 瑟

奖项：优秀作品奖
作者：傅明鉴
单位：扬州金韵乐器御工坊有限公司

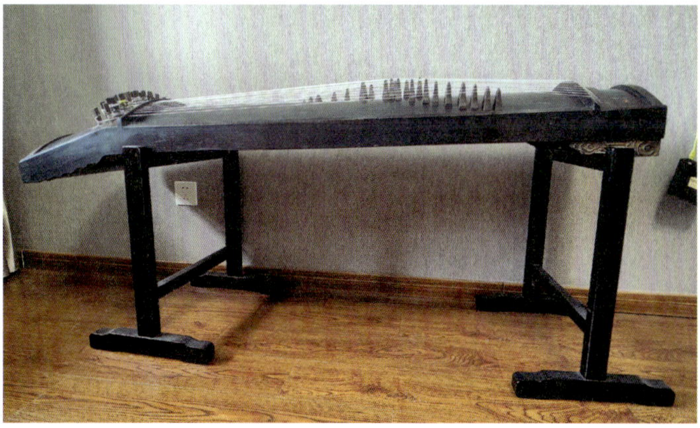

瑟是华夏民族最早的弦乐器之一，由于历史发展和流变，这种乐器逐渐消失在世人的视野中，直至 20 世纪 70 年代，考古挖掘出文物瑟，它才又被人们关注、研究和复制，并登上了舞台。设计师通过对出土古瑟和所获得的一台旧瑟进行对比，同时根据宋末元初熊朋来《瑟谱·卷一》相关内容的阐述，设计了该作品，旨在促进传统乐器瑟的继承、发展和演绎。

设计师本着“让文物变成有生命的艺术品”这一理念，在器制复原上修旧如旧，还其本色；在演奏技法上寻觅根本，遵循发展的原则，使文物变成了一件既有参观、学习价值，又能演奏的乐器，从而促进瑟的研究和发展。

## ◎ 古筝（兼得）

奖项：优秀作品奖
作者：熊立群
单位：扬州金韵乐器御工坊有限公司

设计师结合鱼的外形设计了这款造型独特的概念款古筝。鲤鱼象征着机遇，古时便有“鲤鱼跃龙门”的传说，同时又喻意“年年有鱼”。工艺制作全程无油漆，环保美观，但对工艺要求极高。筝长1 m，便于携带，外观文气雅致、生动活泼；音色细腻、明亮通透，又柔美绵长。既能满足不同层次音乐人的需求，其玲珑活泼的造型也倍受筝友推崇。

## ◎ 复制日本平安时代莳绘筝

奖项：优秀作品奖
作者：吴馨钰
单位：江苏省联合职业技术学院武进分院

这台古筝除了筝首和筝尾的四个角呈圆角外，其形制基本等同唐制古筝，弦距和两岳山之间的距离与我国现行古筝基本相似。此筝的主体面板、侧板内结构由桐木整体刳挖而成，底板（龙背）、内梁（龙骨）等均采用桐木材料，岳山、弦孔压条等以紫檀木制作。筝首、筝尾、两侧外饰均采用平磨螺钿的漆器工艺。

# ◎ 唐曲项四弦琵琶原尺寸复原建模

奖项：优秀作品奖
作者：朱浩
单位：南京艺术学院

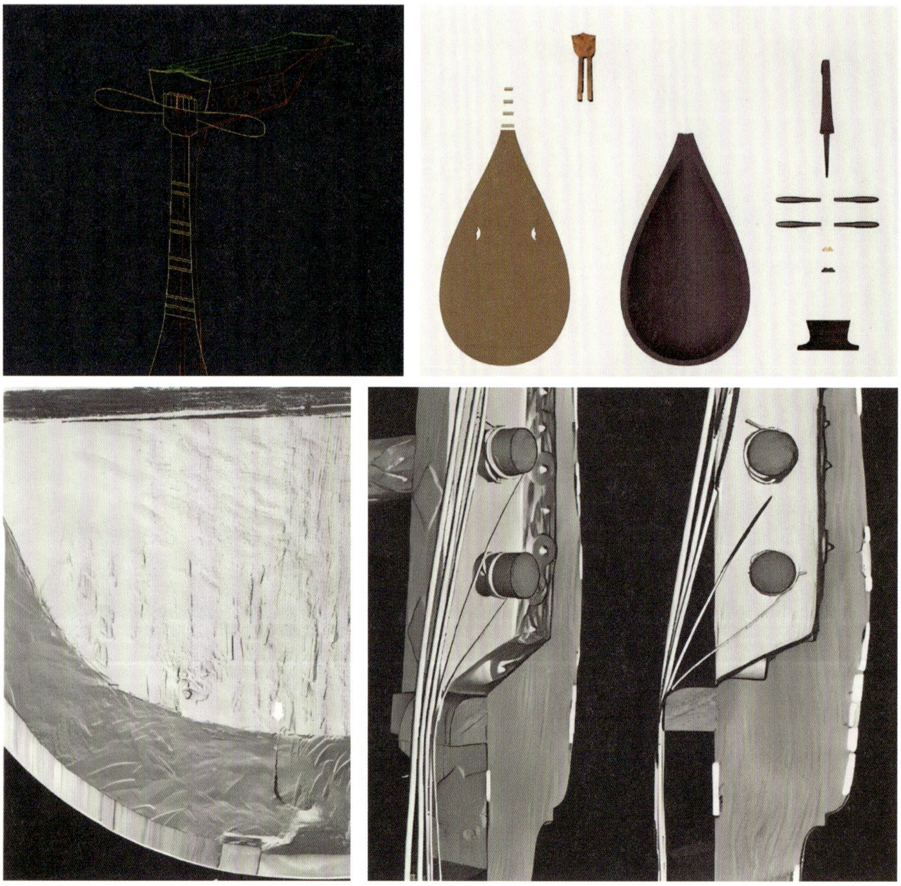

该设计是对正仓院四弦琵琶的复原建模，对乐器的内部结构、细节部位进行了精确把控，在保持外观相似的基础上，采用新的光学技术 3D 扫描，扫描出外表与内部构件等的形状，以及其大致尺寸。该设计以林谦三先生测量后公开的乐器表面数据为基础，获取电子计算机断层扫描资料。该模型直接使用 4 轴雕刻机进行雕刻，可对原件进行完全复原；也可导出为平面图，或进行 3D 打印，为中国学者研究此乐器提供便捷。

## ◎ 27 弦七声音阶倍低音古筝

奖项：优秀作品奖

作者：刘煜辰、朱浩、刘祎然

单位：福州市台江区舜月乐器商行

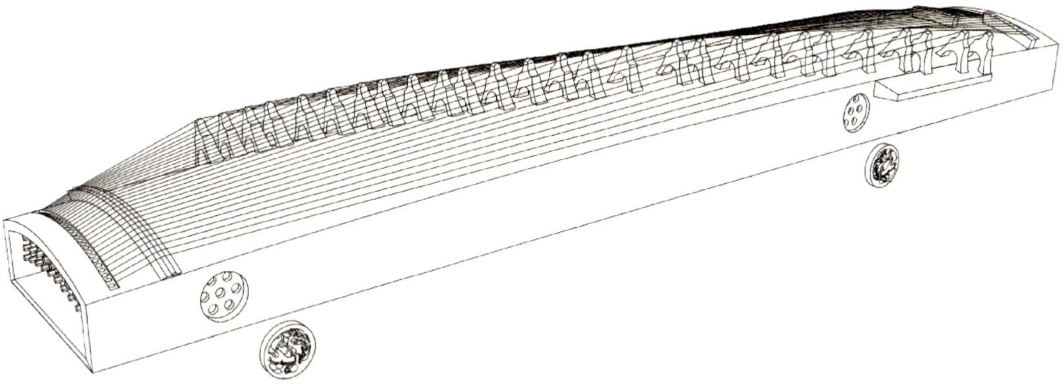

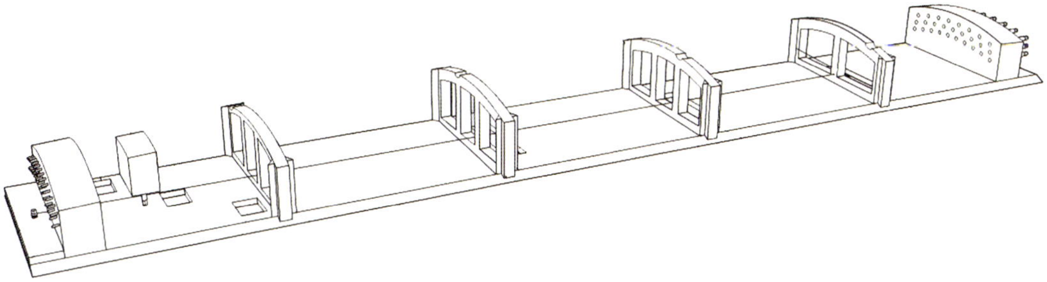

该产品辅助共鸣琴弦调至一定音高时，可与琴体产生共振效应，起到增强共鸣效果的作用。乐器增加了辅助板共鸣，在增加琴弦、扩大音域的同时，还能够稳固地放置筝码。其中“空结构”与琴内腔相联通，可解决实际演奏时靠近琴体侧板两端的部位共鸣不佳的问题。乐器采用三段式无穿弦孔岳山，减少了由于表面琴弦音高频率趋近而导致部分音的音量突出的问题。

# ◎ 改良 16 弦山东筝

奖项：优秀作品奖
作者：刘煜辰、许平航
单位：福州市台江区舜月乐器商行

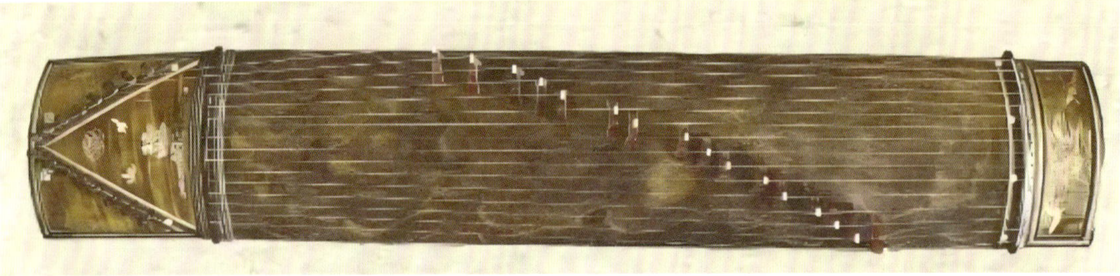

山东筝主要流传于荷泽的郓城和鄄城地区和鲁西的聊城地区，特别是菏泽地区，其民间音乐甚为流行。俗称“七老八少”指的就是山东筝，它多用 15 弦，外侧低音部分用的是 7 根老弦，内侧是 8 根子弦。该设计是对 16 弦山东筝的改良，演奏时，使用最多的是大拇指，故而大拇指刚健有力。如“花指”，也是以大指连“托”演奏的下花指为多；而左手的吟、揉、按、滑则刚柔并蓄、铿锵深沉，演奏风格纯朴古雅。

## ◎ 改良 14 弦河南蜈蚣筝

奖项：优秀作品奖
作者：刘煜辰、刘祎然
单位：福州市台江区舜月乐器商行

此设计形似蜈蚣，共 14 弦。河南筝在演奏上突出的特点是右手从靠近琴码的琴弦位置开始弹奏，流动着弹奏到靠近“岳山”的琴弦位置时，左手做大幅度的揉颤，音乐表现富有戏剧性效 果 。

## ◎ 吉他 A900-JCB

奖项：优秀作品奖
作者：黄毅
单位：广州珠江恺撒堡钢琴有限公司

该作品指板采用 HPL（高压层压板）材料代替乌木，兼顾了环保和音色。指板和琴码采用浪花状彩贝镶嵌，二者相得益彰，遥相呼应，极具辨识度和民族特色。该作品还采用了当下最流行的缺角琴型设计，GA 缺角桶型设计使声音更为均衡，更符合年轻人的审美。

## ◎ 吉他 HGLP30

奖项：优秀作品奖

作者：广州珠江恺撒堡钢琴有限公司弦乐设计团队

单位：广州珠江恺撒堡钢琴有限公司

琴体为 3D 浮雕曲面设计，曲面层为带有绚丽花纹的火焰枫木材质，花纹在半透明蓝底色下，呈现出梦幻般的美感。琴头、指板、琴身全部镶嵌了彩贝，体现出了吉他精湛的制作工艺。

## ◎ 路易十五皇家风——钢琴

奖项：优秀作品奖

作者：吴天延

单位：宜昌金宝乐器制造有限公司

“路易十五皇家风”（Louis Quinze Royale）延续 18 世纪欧洲皇家钟爱的洛可可设计风格，拥有古董钢琴复古华丽的外观以及端庄稳重的气质。整体琴身以璀璨金箔装饰，搭配精细复古雕花，极具欧洲宫廷古典奢华的艺术气息。

## ◎ 掐丝绦轸古代竖箜篌

奖项：优秀作品奖

作者：朱喆

单位：山西箜篌文化发展有限公司

产品采用“轸”固定琴弦，并以流苏璎珞作为装饰，采用了掐丝与推光漆工艺。该设计旨在探索在没有弦钉的情况下，如何固定琴弦，并解决琴弦调音的问题。在面板结构、共鸣箱腔体结构方面进行了创新改造，并在音色、音量上有所突破。

## ◎ 鲤鱼琴

奖项：优秀作品奖
作者：张钦昊
单位：南京晓庄学院

该作品为竖琴类乐器，设计了 23 根按照七声音阶排列的琴弦，弦质为尼龙弦或尼龙缠钢丝弦，音色清亮柔和，音域相对宽广，借鉴了吉他、竖琴、古筝等乐器的演奏方法并加以创新，形成具有民族风格的演奏技法。

## ◎ 柏斯吉他

奖项：优秀作品奖
作者：李志洲
单位：柏斯音乐集团

该乐器集小巧便携、低张力、人体工学设计和优美外观等特点于一体，是女性和小孩理想的选择。低张力的琴弦让弹奏变得更为轻松，即使是初学者也能轻松驾驭。而精心设计的护肘不仅符合人体工学，还提供了更为舒适的演奏体验，减轻了长时间演奏带来的身体负担。护肘侧开的音孔不仅增加了音效的层次感，还为演奏者带来更多的创作灵感和乐趣。

# 后记

2024年5月9日—10日，由中国乐器协会与南京艺术学院联合主办，南京艺术学院科研处、现代音乐与科技学院承办，南京艺术学院乐器研究所、中国声学学会、江苏省文化艺术科学技术协会乐器技术专业委员会、北京星海钢琴集团有限公司、珠海市蔚科科技发展有限公司、乐海乐器有限公司协办的以“创造·创新　转化·发展”为主题的“2024首届全国乐器设计大赛”评审会在南京艺术学院成功召开。

本次大赛共收到乐器设计作品198件，作品创作内容覆盖面广，既有对民族乐器的改良与创新，又有对智能与数字乐器、概念类作品的发明与创造，作品充分体现了当代乐器设计师们卓越的创新能力。经过形式审查和严格初审，111件作品被推荐参与复审和终审。电鸣乐器分别从外观设计、声学性能、演奏性能、结构工艺、材料性能、电声性能这六大维度进行评审；非电声乐器从外观设计、声学性能、演奏性能、结构工艺、材料性能这五大维度进行评审。监评委全程跟踪评审的每一个环节，确保对每一个作品、每一个分值高度负责。

**一、作品种类丰富**

本次参赛作品分为电鸣乐器、膜鸣乐器、气鸣乐器、、体鸣乐器、弦鸣乐器。

评审围绕作品外观设计、声学特征、发音原理、材料创新、工艺设计、智能技术、演奏性能等进行测评。

单项分中，外观设计独立计分，评出最佳外观奖；声学特征、发音原理与演奏性能合并计分，评出最佳声学奖；材料创新、工艺设计与智能技术合并计分，评出最佳创新奖。

本书所收集的获奖乐器作品种类中，膜鸣乐器最少，仅1件，为23型定音鼓。

电鸣乐器30件，既有民乐的电声化作品，如“灵祈——电子陶笛”“音悦——电子唢呐”等；也有民族乐器的数字化作品，如“参数化在传统琵琶乐器中的创新设计”“敦煌·罗兰智能交互古筝”；还有电鸣乐器在外观、芯片、音色性能的扩展设计；等等。

气鸣乐器12件，有对材料进行创新的，如“新型材料环氧树脂单簧管”；有对内部结构进行创新的，如“带有第三活塞转调系统的低音长号”“一种管乐器音孔内调音装置及包含改装置的笙”等；还有在音阶与功能方面扩展创新的，如“全吹吸半音阶口琴”“SWAN音乐和弦口琴”等。

体鸣乐器共4件，有针对非遗的创新设计，如“北方少数民族非遗产品创新设计——口弦琴”等；还有新出现的乐器如“音块式/箱式合一的音条类乐器”等。

弦鸣乐器最多，共56件，既有传统改良乐器，如复原瑟、箜篌、纂、轧筝、奚琴等；也有众多创新乐器，如“东西物语”“玲珑唐韵”等乐器对外饰进行了创新设计，“KG160碳纤维音板三角钢琴”“黑陶音筒二胡”等乐器在制作材料方面有所创新，华式小提琴和大提琴、台宝琴、和琴等则在形制结构方面予以革新。

大赛设综合奖与单项奖两个种类。综合奖设金奖1名、银奖2名、铜奖3名；单项奖包括最佳外观奖、最佳声学奖和最佳创新奖，每个单项奖分别设一等奖1名、二等奖3名、三等奖5名。

大赛最终评审出综合奖金奖作品1件、银奖作品2件、铜奖作品3件，共计6件；最佳外观奖、最佳声学奖、最佳创新奖一等奖各1件，二等奖各3件，三等奖各5件，共计27件。优秀奖、入围奖若干。

**二、参赛者涉及面广**

首先，参赛者专业背景广，如乐器学、艺术设计、乐器IP陈列、机械（工业设计工程方向）、乐器修造技术、工业设计、音乐表演、信息技术、产品设计、工业电气自动化、机械加工、化学工程、影视摄影、机械设计与制造、工艺美术、平面设计与多媒体、视觉传达设计、计算机科学与技术、飞机制造、企业管理、机械制造及自动化、应用电子技术、乐器演奏、工商管理、食品检测技术、音乐教育、计算机应用技术、应用数学、世界经济、控制科学与工程、工程心理学、钢琴调律、作曲与作曲技术理论、人文地理与城乡规划、电子科学与技术等。

其次，参赛者学历分布广，有高中生、中专生、大专生、本科生、研究生。

再次，参赛者年龄分布广，小到22岁的“00”后，大到84岁的耄耋老人，年龄范围广，跨度大。

最后，参赛者的职业分布广，有来自地方中学的音乐教师，有退休的乐器演奏爱好者，有来自博物馆、非物质文化遗产保护中心、歌舞团、文化宫的文艺工作者，也有来自上海交通大学、上海音乐学院、首都师范大学、成都理工大学、河北地质大学、北京乐器研究所、南京艺术学院、南京工业大学、四川音乐学院及各地职业技术学院等高校院所的教师，还有上海民族乐器一厂、北京星海钢琴集团有限公司、广州珠江恺撒堡钢琴有限公司、西安朱雀乐器有限公司、珠海市蔚科科技开发有限公司、江阴金杯安琪乐器有限公司、长沙幻音电子科技有限公司、江苏天鹅乐器有限公司、台北市精艺乐器有限公司、江苏凤灵乐器有限公司、扬州民族乐器研制厂有限公司等企业的职工，等等。

**三、组委会、评委会、监委会阵容强大**

本次大赛邀请中国轻工业联合会党委副书记、中国乐器协会理事长王世成，南京艺术学院党委书记、博士生导师俞锋，南京艺术学院党委副书记、校长、博士生导师张凌浩担任组委会主席；中国乐器协会专职副理事长孙瑞勇，南京艺术学院党委常委、副校长张捷，南京艺术学院副校长苗雨担任副主席；张凌浩担任评委会主任；中国乐器协会原常务副理事长、中国乐器协会专家委员会副主任曾泽民，中国工业设计协会特邀副会长、中国工业设计协会设计教育分会理事长何晓佑担任评委会副主任，在此谨致衷心的感谢。

大赛还邀请了南京艺术学院现代音乐与科技学院党总支书记嵇凤云、北京星海钢琴集团有限公司董事长孟宇、珠海市蔚科科技有限公司董事长赵哲、乐海乐器有限公司董事长宋从甲、中国乐器协会副秘书长钱富民担任监委。曾泽民主持会议，讨论通过了大赛评分细则与评审相关事宜，对进入评审环节的作品进行了确认与审核。大赛在坚持原则中彰显专业，在公平公正中维护章程。正是有了大家的共同努力与深情付出，才确保了大赛的成功举办以及本书的顺利出版，在此深表谢意。

书中每个作品包括名称、奖项、作者、单位与作品设计图五个部分，编写过程中遵循三个原则：文字简洁，描述客观，最大限度体现作品创作情况。

本书的编写立足于中国乐器事业的教育和发展，着眼于中国乐器的创新发展，旨在打通作品、产品与商品不同阶段的壁垒，将专业、企业与行业融会贯通，聚焦乐器专业的理论研究及设计方案的实践经验总结，为中国乐器发展提供新的理论成果及经验借鉴，为乐器生产从业者与经营者及乐器生产制作学习者提供理论参考和行动指南。

本书汇集大赛获奖作品，以促进乐器设计创新发展与人才培养为初衷、使命与宗旨，同时也是针对乐器设计前瞻性的理论总结、前沿性的实践探索和有益尝试。

感谢评委中国音乐学院教授、博士生导师韩宝强，南京艺术学院教授、博士生导师陈建华，中国乐器协会副理事长、国家一级作曲家、演奏家卞留念，中国科学院声学研究所副所长、研究员、博士生导师杨军，上海交通大学设计学院教授、博士生导师刘杰，江南大学设计学院二级教授、博士生导师王峰，南京艺术学院工业设计学院院长、教授、博士生导师张明，中国乐器协会副秘书长、高级工程师钱富民，深圳市悍马科技创意有限公司创始人、高级工业设计师王贺，他们围绕设计理论建设、未来设计发展等诸多议题建言献策，给予大赛主办方谆谆教诲、指导点拨、鼓励鞭策，使得我们不断进步，在此深表谢意。

特别感谢为本书题写寄语的各位专家学者，这些寄语与设计作品交相辉映，为本书增色不少。

感谢王世成先生、俞锋教授在百忙之中对本书给予了高屋建瓴的把关，拨冗作序予以支持，勖勉有加，并对首届全国乐器设计大赛以及该书出版的价值和意义给予高度评价与肯定，提出了宝贵建议，在此深表谢忱。

本书的出版得到了中国乐器协会与南京艺术学院各级领导的鼎力支持，在此表示感谢！

感谢我的研究生杨帆、高海翔、杨昊、徐延锐、袁心梦、朱慧媛、路易、李紫延以及本科生官桐竹，他们在学业之余参与了本书的初步整理，表现出色。特别是杨帆，为本书的校对与整理尽心尽力，做出了巨大努力。对他们的辛勤付出，在此表示深深的谢意。

感谢每位乐器设计者，在一幅幅图稿背后，凝聚着太多的智慧和心血，也体现出一代代中国乐器设计人持续精进的强烈探索精神，在此向他们致以深深的敬意。正是有全体乐器设计师的参与和帮助，才有本书的顺利出版。还要衷心感谢所有无私关心和帮助中国乐器事业发展的人，他们用自己温暖的情怀抒写了对乐器和民族器乐文化的热爱之情。

感谢苏州大学出版社艺术教育编辑部孙腊梅主任对本书编校所付出的辛勤劳动。

该书的出版还得到了多方力量的支持和帮助，限于篇幅，恕不一一历述，谨在此一并表示真诚的感谢。

首届全国乐器设计大赛囿于征集时间的限制，虽然部分作品稍显稚嫩，但意义非凡。本次乐器设计大赛为作品设计者提供了一个崭新的展示平台，激发了他们的创作热情与潜能，促使他们在有限时间内突破自我，挖掘创意。本次大赛汇聚各方人才，促进了相互间的交流与学习，让设计者在碰撞中提升自我。对组织方而言，积累了经验，为未来进一步举办高质量活动奠定了坚实基础，同时也收获了来自同行和评委的宝贵建议。从更宏观的角度来看，本次大赛推动了乐器设计领域的创新与繁荣，搭建了交流互动的平台，挖掘培养了潜在人才，为行业的长远发展注入了新的活力，在一定程度上引领了新的设计潮流和趋势。同时，大赛的举办也吸引了更多人士对乐器设计领域的关注，激发了社会大众对乐器创新设计的兴趣和热爱，为乐器设计的发展培养了潜在的受众群体，对整个行业的发展起到了积极的推动作用。未来，我们期待着一届又一届高质量的乐器设计大赛能够成功举办，为乐器行业的发展持续贡献力量。

本书编写过程中难免有疏漏之处，也尚祈各位同仁与广大读者不吝指正，以利改进。

刘文荣

甲辰夏日于南京艺术学院

# 专家寄语

让乐器成为家庭的标配，让音乐成为生活的刚需！

——中国轻工业联合会党委副书记，中国乐器协会理事长　王世成

人民对美好生活的向往也是我们乐器设计的奋斗目标。

——江苏省文化艺术科学技术协会理事长、江苏省文化和旅游厅一级巡视员　陈芬

音乃乐之魂，奏是器之本。

——中国乐器协会专家委员会副主任　曾泽民

以《乐记》中的“唯乐（器）不可以为伪”勉励乐器设计工作者。

——中国音乐学院教授、博士生导师　韩宝强

努力挖掘新时代乐器的新材料、新工艺与新用途，探索乐器创新发展之路，彰显乐器创新发展魅力。

——南京艺术学院教授、博士生导师 陈建华

大国工匠，设计当先，祝乐器设计大赛年年硕果累累，精品非凡。

——中国乐器协会副理事长、国家一级作曲家、演奏家 卞留念

构筑天籁之音，发掘明日之星。

——中国科学院声学研究所副所长、研究员、博士生导师 杨军

数智融合、创意赋能，乐器创新之路就此启动。

——南京艺术学院工业设计学院院长、教授、博士生导师　张明

用创意点燃音乐激情，用设计织造美好生活。

——江南大学设计学院二级教授、博士生导师　王峰

八音唱响经典传承，造物精工设计未来。

——中国乐器协会副秘书长、高级工程师　钱富民

每一场比赛都是一次挑战，一次机会。面对挑战，我们要充满信心，追求卓越，享受比赛的每一个时刻！祝大家在比赛中突破创新，绽放光彩！

——深圳市悍马科技创意有限公司创始人、高级工业设计师　王贺

乐器作为当代音乐艺术的重要载体，对促进当代音乐的发展有着举足轻重的作用。新时代呼唤出现具有中国文化风格的当代高水平乐器。我坚信，在这一系列的乐器大赛中，一定会涌现出更多具有时代气息的、适合于当下音乐创作与音乐演奏的、更高水平的乐器来。并且这些新颖而高质的乐器，必将被广大的音乐人和音乐爱好者所用，为中华民族未来的音乐艺术谱写新的华章。

——上海交通大学设计学院教授、博士生导师

刘杰

2024首届全国乐器设计大赛的成功举办是深入学习贯彻习近平文化思想的一次生动实践。参赛作品充分体现了传统艺术与现代科技的有机融合，有效推动了中华优秀乐器文化创造性转化和创新性发展。

——南京艺术学院现代音乐与科技学院党总支书记　嵇凤云

2024首届全国乐器设计大赛聚焦中华优秀传统文化的传承与创新，充分展示了中国乐器设计师们的创新智慧与文化底蕴。力争进一步艺科融合，以乐器设计积极培育特色专业，助力文化强国与科技兴国。

——南京艺术学院现代音乐与科技学院党总支副书记、院长 汪敏

乐器大赛帷幕落，创新之光耀山河。传统承继根基稳，科技加持路途阔。乐器工匠心思巧，志在求变勇探索。丝竹琴瑟耳目新，共谱未来新杰作。传承发展不停步，开拓创新勿蹉跎。插上科技金翅膀，盛世弦歌梦辽阔。音符跳跃情无限，旋律悠扬意难摹。创新之路何漫长，辉煌篇章永不辍。

让传统与现代相拥，让科技与艺术交融，在时代的浪潮中，奏响那永恒的乐声，不断前行，永不停歇！

——《乐器》杂志编辑、记者、中国民族管弦乐学会理事　孟建军

主动顺应乐器数字化、智能化、科技化发展趋势，加快推进乐器设计人才培养、专业建设与学科融合工作，着力构建符合乐器设计科学内涵的学科体系、学术体系与话语体系，让彰显中华文明创新力量与生生不息生命力的优秀乐器设计作品传播出去，推动乐器设计与世界优秀文化共通和交融。

——南京艺术学院乐器研究所所长、博士生导师刘文荣